现代日本语

日语能力考试 4级

试题集（附正解　听解原文　听解CD）

2006—2000年

日本国际教育支援协会　日本国际交流基金会　著

（日）西藤洋一　亚希　编

学林出版社

图书在版编目（CIP）数据

日语能力考试4级试题集：2006－2000年/日本国际教育支援协会，日本国际交流基金会著；（日）西藤洋一，亚希编. —上海：学林出版社，2007.6
(现代日本语丛书/（日）西藤洋一，亚希主编)
ISBN 978-7-80730-387-9

Ⅰ.日... Ⅱ.①日...②日...③西...④亚... Ⅲ.日语-水平考试-试题 Ⅳ.H369.6

中国版本图书馆CIP数据核字（2007）第081476号

现代日本语丛书　（日）西藤洋一　亚希　主编

日语能力考试4级试题集 2006-2000年

作　　者 —— 日本国际教育支援协会　日本国际交流基金会
编　　者 —— （日）西藤洋一　亚希
责任编辑 —— 李晓梅
封面设计 —— （日）慧子
出　　版 —— 上海世纪出版股份有限公司
学林出版社（上海钦州南路81号3楼）
电话：64515005　传真：64515005
发　　行 —— 新华书店上海发行所
学林图书发行部（上海钦州南路81号1楼）
电话：64515012　传真：64844088
印　　刷 —— 上海译文印刷厂
开　　本 —— 787×1092　1/16
印　　张 —— 19.5
版　　次 —— 2007年6月第1版
2007年6月第1次印刷
印　　数 —— 5000册
书　　号 —— ISBN 978-7-80730-387-9/G·104
定　　价 —— 29.00元

前　言

日本国际交流基金会与日本国际教育支援协会两个机构共同组织举办的日语能力考试，是以非日语为母语的人们为对象，进行综合的日语能力评定的考试。本考试从1984年开始在全世界实施以来，对于各国的日语学习和日语教育以及世界各国与日本的文化交流具有很大意义。

日语能力考试分为四个级别。

日语能力考试1级的认定基准是，掌握日语高度的文法，汉字(2，000字程度)，词汇（10，000个程度)，具有社会生活上必要的综合日语能力（日语学习900课时的水平)。

日语能力考试2级的认定基准是，掌握日语较高度的文法，汉字（1，000字程度)，词汇（6，000个程度)，具有一般会话和读写能力（日语学习600课时，学习过中级日语课程)。

日语能力考试3级的认定基准是，掌握日语基本的文法，汉字(300字程度)，词汇(1，500个程度)，能够日常生活会话，具有简单的文章读写能力（日语学习300课时，学习过初级日语课程)。

日语能力考试4级的认定基准是，掌握日语初步的文法，汉字（100字程度)，词汇 (800个程度)，能够简单的会话，具有简易的句子或短文的读写能力（日语学习150课时，学习过初级日语前半部分课程)。

编者根据日语能力考试的四个级别编为四卷，内容选定2006年-2000年。为了帮助读者学习，我们还附加了各年度试题的解答用纸与各年度的评分标准和正解，并且附加了听解的原文。每本书附有听解部分的录音CD.

编者

目　录

2006 年　日本語能力試験　４級 …… 1

　文字　語彙 …… 1

　聴解 …… 10

　読解　文法 …… 20

2005 年　日本語能力試験　４級 …… 35

　文字　語彙 …… 35

　聴解 …… 43

　読解　文法 …… 53

2004 年　日本語能力試験　４級 …… 69

　文字　語彙 …… 69

　聴解 …… 77

　読解　文法 …… 88

2003 年　日本語能力試験　４級 …… 103

　文字　語彙 …… 103

　聴解 …… 111

　読解　文法 …… 123

2002 年　日本語能力試験　４級 …… 137

　文字　語彙 …… 137

　聴解 …… 145

　読解　文法 …… 158

2001 年　日本語能力試験　４級 …… 173

　文字　語彙 …… 173

　聴解 …… 181

　読解　文法 …… 192

2000 年　日本語能力試験　４級 …… 207

　文字　語彙 …… 207

　聴解 …… 215

　読解　文法 …… 226

正解と配点 -- 241
2006年　正解と配点 -- 241
2005年　正解と配点 -- 243
2004年　正解と配点 -- 245
2003年　正解と配点 -- 247
2002年　正解と配点 -- 249
2001年　正解と配点 -- 251
2000年　正解と配点 -- 253
聴解スクリプト -- 255
2006年　聴解スクリプト -------------------------------------- 255
2005年　聴解スクリプト -------------------------------------- 262
2004年　聴解スクリプト -------------------------------------- 269
2003年　聴解スクリプト -------------------------------------- 276
2002年　聴解スクリプト -------------------------------------- 284
2001年　聴解スクリプト -------------------------------------- 292
2000年　聴解スクリプト -------------------------------------- 299

問題用紙

(２００６)

４級
もじ・ごい
(100点　25分)

注意 Notes

1. 試験が始まるまで、この問題用紙を開けないでください。
Do not open this question booklet before the test begins.

2. この問題用紙を持っていくことはできません。
Do not take this question booklet with you after the test.

3. 受験番号となまえをしたの欄に、受験票とおなじようにはっきりと書いてください。
Write your registration number and name clearly in each box below as written on your test voucher.

4. この問題用紙は、全部で８ページあります。
This question booklet has 8 pages.

5. 問題には解答番号の 1 、 2 、 3 … があります。解答は、解答用紙にあるおなじ番号の解答欄に書いてください。
One of the row numbers 1, 2, 3 … is given for each question. Mark your answer in the same row of the answer sheet.

受験番号　Examinee　Registration　Number	

なまえ　Name	

もんだいⅠ ＿＿＿の ことばは どう よみますか。1・2・3・4 から いちばん いい ものを えらびなさい。

（れい） きの 上に ねこが います。

上　1 すた　2 した　3 うえ　4 うい

（かいとうようし）

（れい）	① ② ● ④

とい1 えいがが すきですが、時間 [1] が なくて 見られません [2]。

[1] 時間　1 しかん　2 じがん　3 しがん　4 じかん

[2] 見られません　1 きられません　2 みいられません　3 みられません　4 きいられません

とい2 これは 一つ [3] 千円 [4] です。

[3] 一つ　1 ひとつ　2 ふだつ　3 ふたつ　4 ひどつ

[4] 千円　1 せいえん　2 せいねん　3 せんねん　4 せんえん

とい3 父 [5] は 目 [6] も 耳 [7] も おおきい。

[5] 父　1 すち　2 ちち　3 しち　4 つち

[6] 目　1 て　2 あし　3 め　4 はな

[7] 耳　1 くち　2 あたま　3 みみ　4 からだ

とい4 水 [8] を 買って [9] いきます。

[8] 水　1 くつ　2 みず　3 きって　4 くすり

[9] 買って　1 かって　2 つくって　3 とって　4 あらって

とい5　ドアの　前に[10]　立って[11]　ください。

[10] 前　　1 まい　2 めえ　3 めい　4 まえ

[11] 立って　　1 たって　2 すわって　3 のって　4 とまって

とい6　まだ　CDを　半分[12]しか　聞いて[13]　いません。

[12] 半分　　1 はんぷん　2 はんぶん　3 ほんぶん　4 ほんぷん

[13] 聞いて　　1 きいて　2 おいて　3 ひらいて　4 はたらいて

とい7　あの　古い[14]　いえには　電話[15]が　ありません。

[14] 古い　　1 ぬるい　2 わるい　3 ふるい　4 まるい

[15] 電話　　1 でんき　2 でんわ　3 てんわ　4 てんき

もんだいII ＿＿＿の　ことばは　どう　かきますか。1・2・3・4 から　いちばん　いい　ものを　えらびなさい。

(れい)　あしたの　ごご　あいましょう。

ごご　1 午役　　2 牛役　　3 午後　　4 牛後

（かいとうようし）　**(れい)** ① ② ● ④

とい1　さとうさんは　きょう　がっこう［16］を　やすんだ［17］。

16 がっこう　1 学校　　2 字校　　3 字枚　　4 学枚

17 やすんだ　1 体すんだ　　2 体んだ　　3 休すんだ　　4 休んだ

とい2　これは　なん［18］の　ぱーてぃー［19］ですか。

18 なん　1 同　　2 何　　3 向　　4 伺

19 ぱーてぃー　1 ペーティー　　2 パーティー

3 ペーティー　　4 パーティー

とい3　あめ［20］が　ふって　いますから　いきません［21］。

20 あめ　1 冊　　2 両　　3 雨　　4 再

21 いきません　1 行きません　　2 行きません

3 行きません　　4 行きません

とい4　わたしの　かいしゃ［22］は　あの　ビルの　なか［23］です。

22 かいしゃ　1 今杜　　2 会社　　3 今社　　4 会杜

23 なか　1 史　　2 中　　3 央　　4 内

とい5　らいねん[24]は　ながい[25]　やすみが　ほしいです。

24 らいねん	1 未年	2 未年	3 来年	4 来年
25 ながい	1 長い	2 長い	3 長い	4 長い

もんだいIII　＿＿＿の　ところに　なにを　いれますか。1・2・3・4 から　いちばん　いい　ものを　えらびなさい。

(れい)　さむいですね。まどを　＿＿＿　ください。

1 おして　　2 きって　　3 けして　　4 しめて

(かいとうようし)　**(れい)** ① ② ③ ●

26 わたしは　よる　シャワーを　＿＿＿。

1 あびます　　2 とります　　3 なきます　　4 ぬぎます

27 ここで　たばこを　＿＿＿　ください。

1 かけないで　　2 きえないで　　3 すわないで　　4 つかないで

28 はじめまして。どうぞ　＿＿＿。

1 ごめんください　　2 ごちそうさま

3 こんばんは　　4 よろしく

29 たまごは　＿＿＿　いりますか。

1 なんこ　　2 なんさつ　　3 なんだい　　4 なんまい

30 あたらしい　ことばを　＿＿＿。

1 もちます　　2 なります　　3 おぼえます　　4 つとめます

31 きょうは　かぜが　＿＿＿です。

1 みじかい　　2 つよい　　3 ふとい　　4 ほそい

32 うみには　＿＿＿　ひとが　たくさん　いました。

1 あさい　　2 うすい　　3 からい　　4 わかい

33 にほんごで ながい ＿＿＿を かきました。

1 にもつ　2 てがみ　3 いろ　4 え

34 こうさてんの ＿＿＿に びょういんが あります。

1 そば　2 たて　3 にわ　4 はこ

35 この ＿＿＿は おいしいです。

1 かびん　2 とけい　3 めがね　4 やさい

もんだいIV　＿＿＿の　ぶんと　だいたい　おなじ　いみの　ぶんは　どれですか。1・2・3・4から　いちばん　いい　ものを　えらびなさい。

(れい)　この　しょくどうは　まずいです。

1 ここの　りょうりは　おいしいです。
2 ここの　りょうりは　おいしく　ありません。
3 ここの　りょうりは　あたたかいです。
4 ここの　りょうりは　あたたかく　ありません。

（かいとうようし）

(れい)	①　●　③　④

36 わたしは　じが　へたです。

1 わたしは　じが　まるく　ありません。
2 わたしは　じが　おおきく　ありません。
3 わたしは　じが　すきでは　ありません。
4 わたしは　じが　じょうずでは　ありません。

37 きむらさんの　おばさんは　あの　ひとです。

1 きむらさんの　おかあさんの　おかあさんは　あの　ひとです。
2 きむらさんの　おかあさんの　おとうさんは　あの　ひとです。
3 きむらさんの　おかあさんの　いもうとさんは　あの　ひとです。
4 きむらさんの　おかあさんの　おとうとさんは　あの　ひとです。

38 げんかんに　だれか　いますよ。

1 いえの　いりぐちに　ひとが　います。
2 がっこうの　ろうかに　ひとが　います。
3 まどの　ちかくに　ひとが　います。
4 ビルの　うえに　ひとが　います。

39 にほんへは　はじめて　いきます。

1 にほんへは　あまり　いきません。

2 にほんへは　まだ　いって　いません。

3 にほんへは　よく　いきます。

4 にほんへは　１かい　いきました。

40 やまださんは　すずきさんに　えいごを　おしえました。

1 すずきさんは　やまださんに　えいごを　みせました。

2 やまださんは　すずきさんに　えいごを　みせました。

3 すずきさんは　やまださんに　えいごを　ならいました。

4 やまださんは　すずきさんに　えいごを　ならいました。

問題用紙

(2006)

4級
聴　解
(100点　25分)

注　意
Notes

1. 試験が始まるまで、この問題用紙を開けないでください。
Do not open this question booklet before the test begins.

2. この問題用紙を持って帰ることはできません。
Do not take this question booklet with you after the test.

3. 受験番号と名前を下の欄に、受験票と同じようにはっきりと書いてください。
Write your registration number and name clearly in each box below as written on your test voucher.

4. この問題用紙は、全部で9ページあります。
This question booklet has 9 pages.

5. もんだいIともんだいIIは解答のしかたが違います。例をよく見て注意してください。
Answering methods for Part I and Part II are different. Please study the examples carefully and mark correctly.

6. この問題用紙にメモをとってもいいです。
You may make notes in this question booklet.

受験番号　Examinee Registration Number	

名前　Name	

もんだいⅠ

れい1

もんだいⅠ				
かいとうばんごう	かいとうらん Answer			
	1	2	3	4
れい1	●	②	③	④

れい 2

1. きのうまで
2. きょうまで
3. あしたまで
4. あさってまで

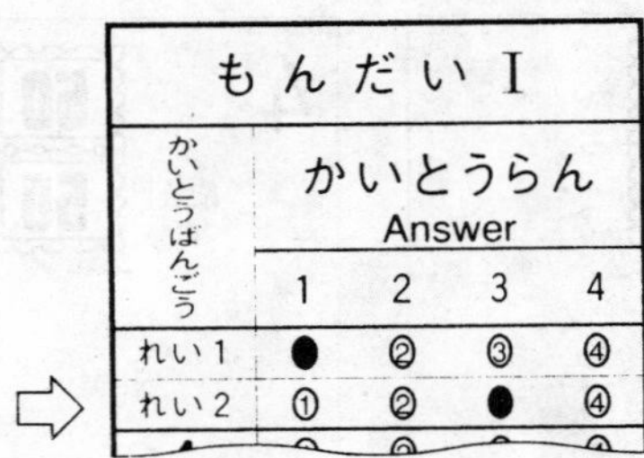

もんだいⅠ				
かいとうばんごう	かいとうらん Answer			
	1	2	3	4
れい 1	●	②	③	④
れい 2	①	②	●	④

1 ばん

2 ばん

1月（がつ）

月（げつ）	火（か）	水（すい）	木（もく）	金（きん）	土（ど）	日（にち）
						1
②	③	④	⑤	6	7	8
9	10	11	12	13	14	15
16	17	18	19	20	21	22
23	24	25	26	27	28	29
30	31					

1　2　3　4

3 ばん

1

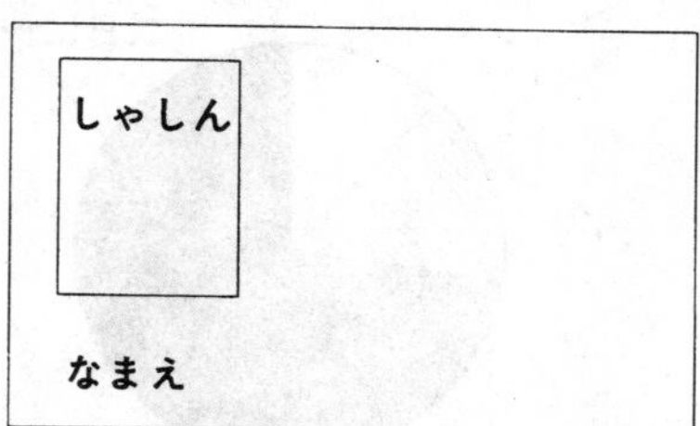

2

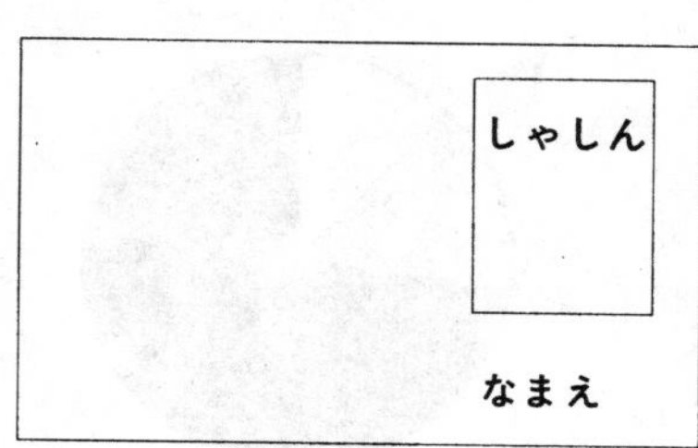

3

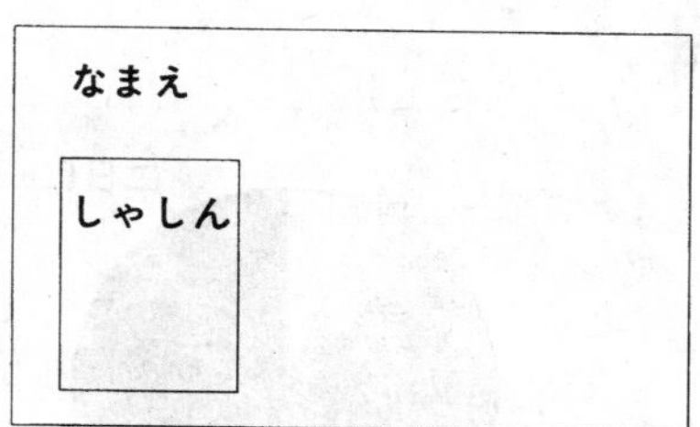

4

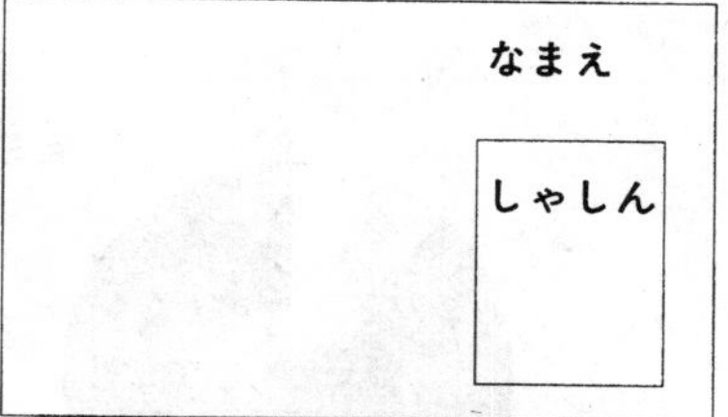

4 ばん

1. 8 1 1

2. 8 1 8

3. 9 8 1 1

4. 9 8 1 8

5 ばん

1

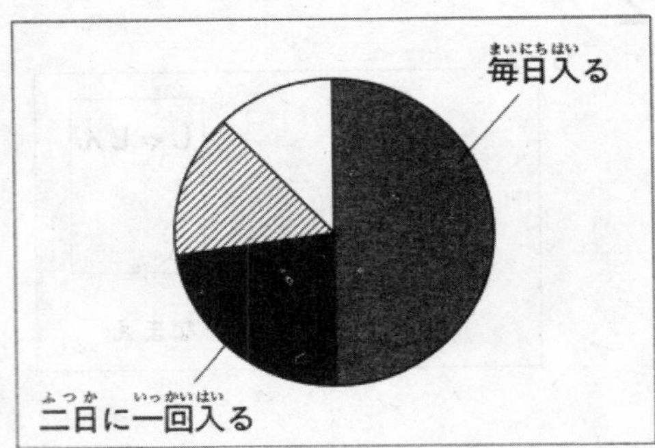

2

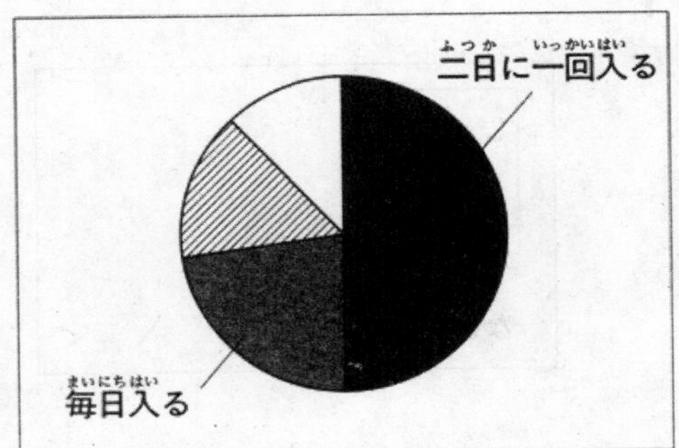

3

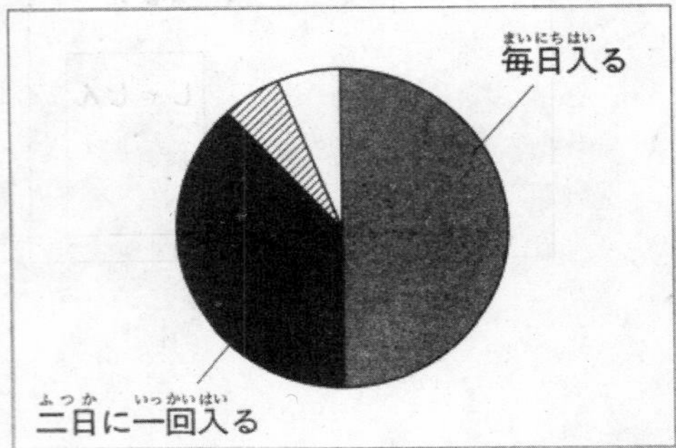

4

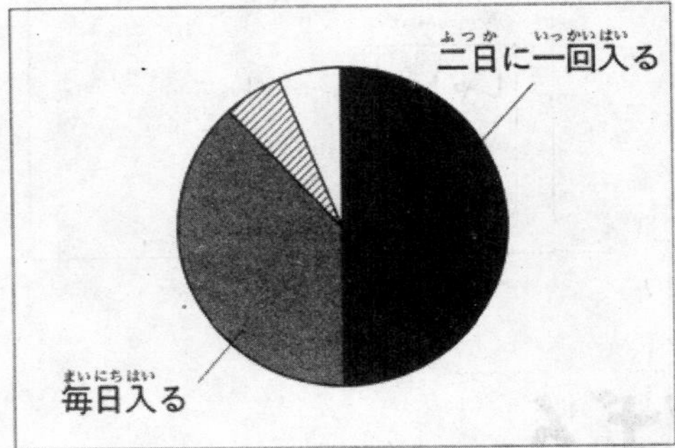

6 ばん

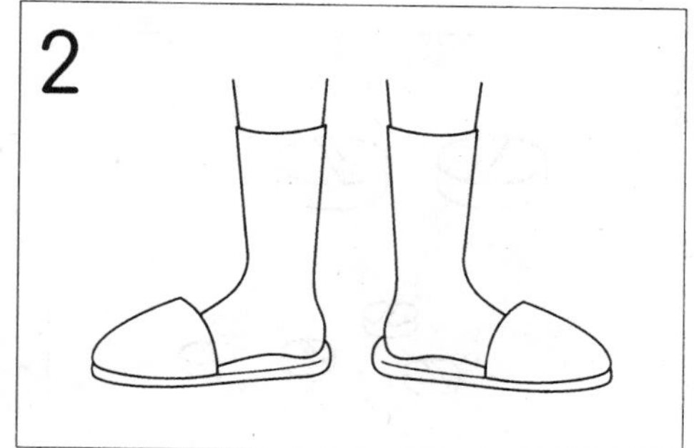

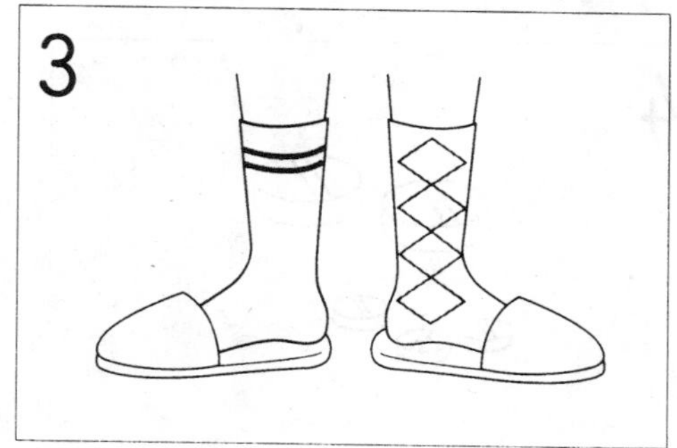

7 ばん

8 ばん

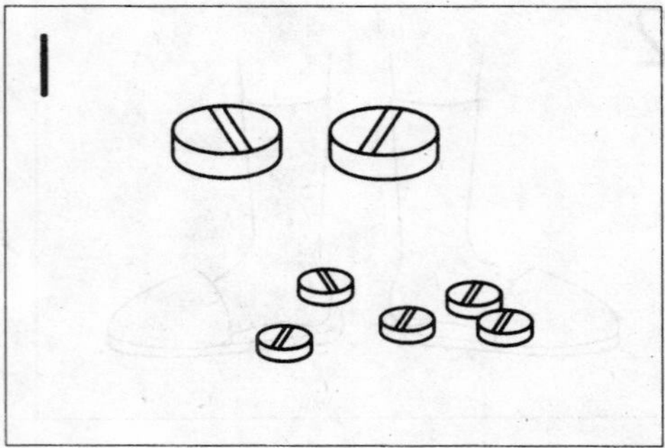

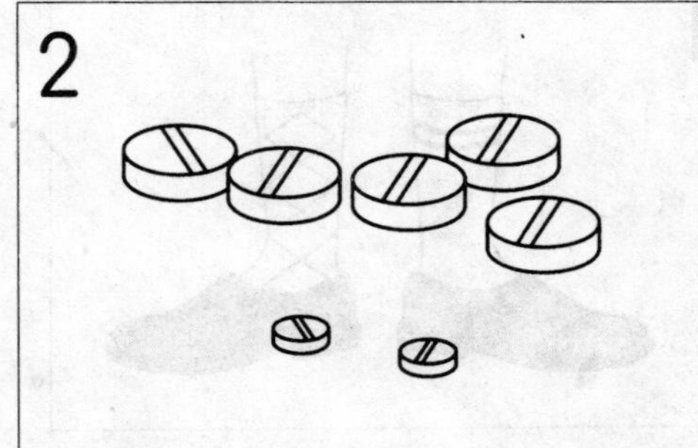

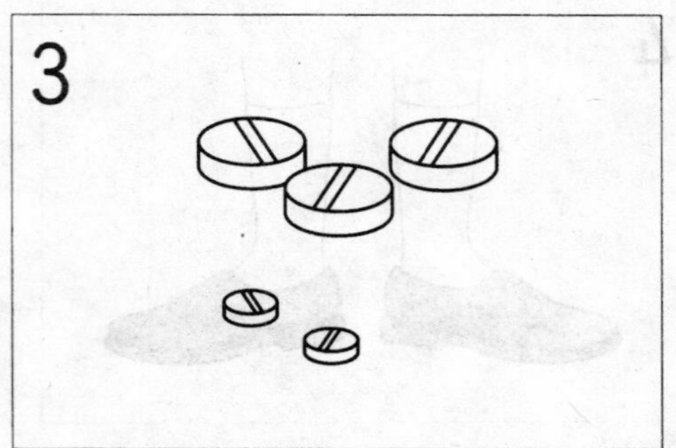

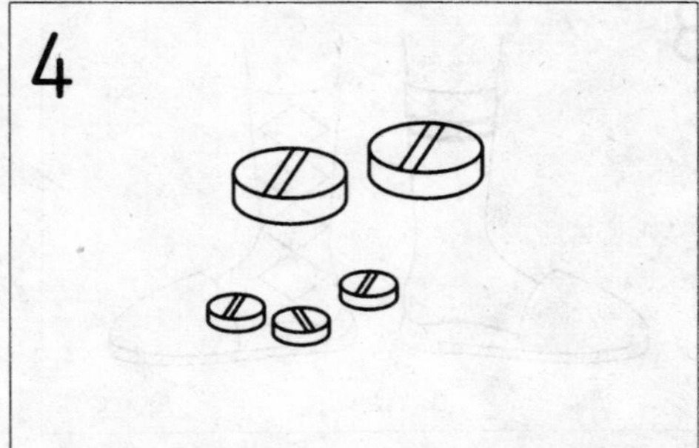

9 ばん

1. 砂糖（さとう）と牛乳（ぎゅうにゅう）
2. 牛乳（ぎゅうにゅう）だけ
3. 牛乳（ぎゅうにゅう）とお酒（さけ）
4. お酒（さけ）だけ

もんだいⅡ　えなどは　ありません。

れい

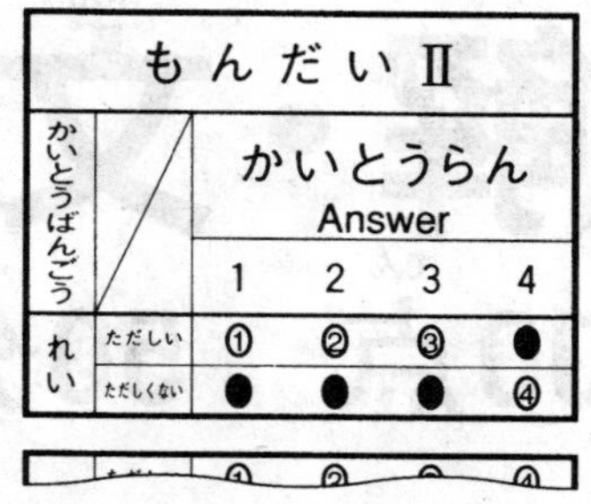

もんだいⅡ					
かいとうばんごう		かいとうらん Answer			
		1	2	3	4
れい	ただしい	①	②	③	●
	ただしくない	●	●	●	④

この　ページは　メモに　つかっても　いいです。

問題用紙

(2006)

4級
読解・文法
(200点　50分)

注意
Notes

1. 試験が始まるまで、この問題用紙を開けないでください。
Do not open this question booklet before the test begins.

2. この問題用紙を持って帰ることはできません。
Do not take this question booklet with you after the test.

3. 受験番号と名前を下の欄に、受験票と同じようにはっきりと書いてください。
Write your registration number and name clearly in each box below as written on your test voucher.

4. この問題用紙は、11ページあります。
This question booklet has 11 pages.

5. 問題には解答番号の 1 、 2 、 3 … が付いています。解答は、解答用紙にある同じ番号の解答欄にマークしてください。
One of the row numbers 1, 2, 3 … is given for each question. Mark your answer in the same row of the answer sheet.

受験番号　Examinee　Registration　Number	

名前　Name	

もんだいⅠ　＿＿＿の　ところに　何(なに)を　入(い)れますか。1・2・3・4から　いちばん　いい　ものを　一(ひと)つ　えらびなさい。

（れい）　これ＿＿＿　えんぴつです。

　　1　に　　　　2　を　　　　3　は　　　　4　や

　　（かいとうようし）

（れい）	①　②　●　④

1　毎日(まいにち)　しんぶん＿＿＿　読(よ)みます。

　　1　が　　　　2　に　　　　3　を　　　　4　へ

2　きのうの　パーティー＿＿＿　何(なに)を　しましたか。

　　1　を　　　　2　で　　　　3　へ　　　　4　が

3　りんご＿＿＿　3つ　買(か)いました。

　　1　が　　　　2　に　　　　3　の　　　　4　を

4　どの人(ひと)＿＿＿　山下(やました)さんですか。

　　1　が　　　　2　を　　　　3　は　　　　4　か

5　わたしは　おじいさん＿＿＿　よく　さんぽを　します。

　　1　と　　　　2　を　　　　3　の　　　　4　へ

6　ナイフ＿＿＿　パンを　きりました。

　　1　で　　　　2　が　　　　3　に　　　　4　を

7　おすしを　食(た)べました。それから、てんぷら＿＿＿　食べました。

　　1　が　　　　2　か　　　　3　は　　　　4　も

8 すみません、お水＿＿＿くださ い。

1 が　　2 を　　3 に　　4 や

9 としょかんで　3時間　べんきょうしました。でも、うち＿＿＿しませんでした。

1 とは　　2 がは　　3 には　　4 では

10 わたしは　友だち＿＿＿　電話を　しました。

1 に　　2 や　　3 を　　4 で

11 あには　サッカー＿＿＿　すきです。

1 と　　2 の　　3 が　　4 に

12 12時＿＿＿　なりました。ひるごはんの　時間です。

1 が　　2 に　　3 から　　4 へ

13 車の　うしろ＿＿＿　子どもが　います。

1 に　　2 で　　3 を　　4 へ

14 母は　かぜ＿＿＿　びょういんへ　行きました。

1 に　　2 が　　3 で　　4 は

15 カトレア＿＿＿　いう　店を　しって　いますか。

1 を　　2 が　　3 に　　4 と

もんだいII ＿＿＿の ところに 何(なに)を 入(い)れますか。1・2・3・4から いちばん いい ものを 一(ひと)つ えらびなさい。

16 わたしの へやは あまり ＿＿＿。

1 きれくないです　　2 きれくありません
3 きれいありません　　4 きれいじゃありません

17 きのうは はを ＿＿＿ ねました。

1 みがくないで　　2 みがかないで
3 みがないで　　4 みがきないで

18 ギターを ＿＿＿ ください。

1 ひきて　　2 ひいて　　3 ひいで　　4 ひきって

19 あしたは ゆきが ＿＿＿ でしょう。

1 ふりて　　2 ふって　　3 ふる　　4 ふると

20 中山(なかやま)「いま すぐ でかけましょうか。」
上田(うえだ)「いいえ、そうじを ＿＿＿ から でかけましょう。」

1 して　　2 した　　3 する　　4 しって

21 さいふを ＿＿＿ こまりました。

1 なくします　　2 なくした　　3 なくす　　4 なくして

22 来週(らいしゅう) 国(くに)へ ＿＿＿ 人(ひと)は いますか。

1 かえっての　　2 かえる　　3 かえるの　　4 かえって

23 もう 少(すこ)し ＿＿＿ して くださいませんか。

1 しずかに　　2 しずかだ　　3 しずか　　4 しずかで

24 先週（せんしゅう）は　しゅくだいが　多（おお）くて ＿＿＿。

1　たいへんしました　　2　たいへんです

3　たいへんでした　　4　たいへんだったでした

25 しごとが ＿＿＿ なりました。

1　いそがしいに　　2　いそがしく

3　いそがしい　　4　いそがしくて

26 わたしは　外国（がいこく）で ＿＿＿ たい。

1　はたらけ　　2　はたらい　　3　はたらく　　4　はたらき

27 あの　ケーキは ＿＿＿ よ。

1　おいしくなかった　　2　おいしいくなかった

3　おいしいじゃなかった　　4　おいしくないだった

28 ＿＿＿ ながら　食（た）べないで　ください。

1　あるく　　2　あるいて　　3　あるき　　4　あるかない

29 ＿＿＿ ときは、先生（せんせい）に　聞（き）きます。

1　わからないの　　2　わからない

3　わかったの　　4　わかって

30 この　レストランは　いつも　たくさん　人（ひと）が ＿＿＿ ね。

1　ならんで　あります　　2　ならべて　います

3　ならんで　います　　4　ならべて　あります

もんだいIII ＿＿＿の ところに 何(なに)を 入(い)れますか。1・2・3・4から いちばん いい ものを 一(ひと)つ えらびなさい。

31 ＿＿＿ で えいがを 見(み)ますか。

1 どこ　2 どんな　3 どう　4 どの

32 わたしは ＿＿＿ 買(か)いませんでした。

1 どれを　2 いくら　3 何(なに)か　4 何も

33 きょうは よる 9時(じ) ＿＿＿ かえります。

1 じゅう　2 まで　3 ごろ　4 ぐらい

34 あした わたしの へやへ あそびに ＿＿＿ か。

1 きて ください　2 きました

3 きません　4 きましょう

35 ぎゅうにゅうは ぜんぶ 飲(の)みました。＿＿＿ ありません。

1 とても　2 もっと　3 まだ　4 もう

36 ゆうべは ＿＿＿ ねましたか。

1 どんな　2 どのぐらい　3 いくつ　4 どちら

もんだいIV　との　こたえが　いちばん　いいですか。1・2・3・4から いちばん　いい　ものを　一(ひと)つ　えらびなさい。

37 A「かいぎの　へやは　4かい　ですね。」

B「＿＿＿＿＿＿。5かい　ですよ。」

1 はい、そうです　　2 とても　いいです

3 いいえ、ちがいます　　4 わかりません

38 A「だれが　おさらを　あらいましたか。」

B「＿＿＿＿＿＿。」

1 いいえ、あらいませんでした　　2 父(ちち)の　おさらです

3 父が　あらいました　　4 はい、あらいました

39 (電話(でんわ)で)

A「もしもし、すずきです。そちらに　中田(なかた)さんは　いますか。」

B「はい、＿＿＿＿＿＿。」

1 そちらは　すずきです　　2 ちょっと　まって　ください

3 そちらに　います　　4 中田さんです

40 A「ごはんを　食(た)べてから、おふろに　入(はい)りますか。」

B「いいえ、わたしは　＿＿＿＿＿＿。」

1 ごはんの　まえに　入ります

2 食べたあとで　入ります

3 いつも　一人(ひとり)で　食べます

4 ごはんを　たくさん　食べません

もんだいV　つぎの　ぶんを　読んで　しつもんに　こたえなさい。

こたえは　1・2・3・4から　いちばん　いい　ものを　一つ　えらびなさい。

学生　「すみません。この　本を　かりたいです。」

としょかんの人　「この　学校の　学生ですか。」

学生　「はい。」

としょかんの人　「では、はじめに　この　かみに　名前と　じゅうしょと　電話ばんごうを　書いて　ください。」

学生　「はい。」

としょかんの人　「書きましたか。」

学生　「はい。」

としょかんの人　「これは　じしょですね。じしょは　としょかんの　中で　つかって　ください。」

学生　「はい、わかりました。では、この　7さつを　かして　ください。」

としょかんの人　「ああ、学生は　4さつまでです。」

学生　「そうですか。では、この　3さつは　かりません。」

としょかんの人　「わかりました。では、こちらの　本は　2しゅうかん、ざっしは　1しゅうかんで　かえして　ください。きょうは　15日ですから、［　　　　］。」

学生　「はい、わかりました。」

41 　［　　　　　］**には　何を　入れますか。**

1 本は　29日、ざっしは　22日です

2 本は　22日、ざっしは　29日です

3 本も　ざっしも　29日です

4 本も　ざっしも　22日です

42 **この　学生は　何さつ　かりましたか。**

1　**3**さつ　　2　**4**さつ　　3　**5**さつ　　4　**6**さつ

43 **この　学生は　としょかんで　何を　しましたか。**

1 本に　名前を　書きました。

2 かみに　本の　名前を　書きました。

3 じしょを　かりました。

4 本と　ざっしを　かりました。

44 **この　としょかんで　学生が　できることは　何ですか。**

1 ざっしを　2しゅうかん　かりること

2 本を　5さつ　かりること

3 本や　ざっしを　4さつまで　かりること

4 本と　じしょを　1しゅうかん　かりること

もんだいVI　つぎの　ぶんを　読んで、しつもんに　こたえなさい。

こたえは　1・2・3・4から　いちばん　いい　ものを　一つ　えらびなさい。

(1)　これは　手がみを　出す　ときに　つかいます。ふうとうに　これを　はって、それから、ポストに　入れます。これは　ゆうびんきょくなどで　買います。

45　**「これ」は　何ですか。**

1　はがき　　2　きっぷ　　3　ペン　　4　きって

(2)　きのうは　友だちの　いえへ　行って、友だちが　つくった　りょうりを　食べました。すこし　からかったです。でも、とても　おいしかったです。わたしも　友だちも　たくさん　食べました。また　食べたいです。

46　**ただしい　ものは　どれですか。**

1　わたしは　りょうりを　つくりました。

2　友だちは　りょうりが　じょうずです。

3　りょうりは　おいしく　ありませんでした。

4　友だちは　あまり　食べませんでした。

(3)　わたしの　うちから　学校まで　[　　　　]　かかります。うちから　A駅まで　じてんしゃで　10分です。A駅から　B駅まで　でんしゃで　30分ぐらいです。それから、B駅で　バスに　のります。バスに　のって　だいたい　10分か　15分で　学校に　つきます。

47　**[　　　　]には　何を　入れますか。**

1　1時間ぐらい　　　　2　40分か　45分

3　30分ぐらい　　　　4　10分か　15分

4きゅう 2006 にほんごのうりょくしけん かいとうようし(もじ・ごい)

じゅけんばんごう Examinee Registration Number		なまえ Name	

あなたのじゅけんひょうとおなじかどうか、たしかめてください。
Check up on your Test Voucher.

〈 ちゅうい Notes 〉

1. くろいえんぴつ（HB、No. 2）でかいてください。（ペンやボールペンではかかないでください。）
Use a black medium soft (HB or No.2) pencil. (Do not use a pen or ball-point pen.)
2. かきなおすときは、けしゴムできれいにしてください。
Erase any unintended marks completely.
3. きたなくしたり、おったりしないでください。
Do not soil or bend this sheet.
4. れい Marking examples

よい Correct	わるい Incorrect
●	⊗ ◌ O ◉ ⊖ ◐ ○

かいとうばんごう	かいとうらん Answer			
	1	2	3	4
1	①	②	③	④
2	①	②	③	④
3	①	②	③	④
4	①	②	③	④
5	①	②	③	④
6	①	②	③	④
7	①	②	③	④
8	①	②	③	④
9	①	②	③	④
10	①	②	③	④
11	①	②	③	④
12	①	②	③	④
13	①	②	③	④
14	①	②	③	④
15	①	②	③	④
16	①	②	③	④
17	①	②	③	④
18	①	②	③	④
19	①	②	③	④
20	①	②	③	④
21	①	②	③	④
22	①	②	③	④
23	①	②	③	④
24	①	②	③	④
25	①	②	③	④

かいとうばんごう	かいとうらん Answer			
	1	2	3	4
26	①	②	③	④
27	①	②	③	④
28	①	②	③	④
29	①	②	③	④
30	①	②	③	④
31	①	②	③	④
32	①	②	③	④
33	①	②	③	④
34	①	②	③	④
35	①	②	③	④
36	①	②	③	④
37	①	②	③	④
38	①	②	③	④
39	①	②	③	④
40	①	②	③	④

4きゅう 2006 にほんごのうりょくしけん かいとうようし(ちょうかい)

じゅけんばんごう Examinee Registration Number		なまえ Name	

あなたのじゅけんひょうとおなじかどうか、たしかめてください。
Check up on your Test Voucher.

〈 ちゅうい Notes 〉

1. くろいえんぴつ（HB、No. 2）でかいてください。
（ペンやボールペンではかかないでください。）
Use a black medium soft (HB or No.2) pencil.
(Do not use a pen or ball-point pen.)
2. かきなおすときは、けしゴムできれいにけしてください。
Erase any unintended marks completely.
3. きたなくしたり、おったりしないでください。
Do not soil or bend this sheet.
4. マークれい Marking examples

よい Correct	わるい Incorrect
●	⊗ ◯ ⬯ ◉ ⊜ ◐ ◯

もんだいⅠ

かいとうばんごう	かいとうらん Answer 1	2	3	4
れい1	●	②	③	④
れい2	①	②	●	④
1	①	②	③	④
2	①	②	③	④
3	①	②	③	④
4	①	②	③	④
5	①	②	③	④
6	①	②	③	④
7	①	②	③	④
8	①	②	③	④
9	①	②	③	④

もんだいⅡ

かいとうばんごう		かいとうらん Answer 1	2	3	4
れい	ただしい	①	②	③	●
	ただしくない	●	●	●	④
1	ただしい	①	②	③	④
	ただしくない	①	②	③	④
2	ただしい	①	②	③	④
	ただしくない	①	②	③	④
3	ただしい	①	②	③	④
	ただしくない	①	②	③	④
4	ただしい	①	②	③	④
	ただしくない	①	②	③	④
5	ただしい	①	②	③	④
	ただしくない	①	②	③	④
6	ただしい	①	②	③	④
	ただしくない	①	②	③	④
7	ただしい	①	②	③	④
	ただしくない	①	②	③	④
8	ただしい	①	②	③	④
	ただしくない	①	②	③	④

4きゅう 2006 にほんごのうりょくしけん かいとうようし(どっかい・ぶんぽう)

じゅけんばんごう Examinee Registration Number	

なまえ Name	

あなたのじゅけんひょうとおなじかどうか、たしかめてください。
Check up on your Test Voucher.

〈 ちゅうい Notes 〉

1. くろいえんぴつ（HB、No. 2）でかいてください。（ペンやボールペンではかかないでください。）
Use a black medium soft (HB or No.2) pencil. (Do not use a pen or ball-point pen.)
2. かきなおすときは、けしゴムできれいにけしてください。
Erase any unintended marks completely.
3. きたなくしたり、おったりしないでください。
Do not soil or bend this sheet.
4. マークれい Marking examples

よい Correct	わるい Incorrect
●	⊗ ○ O ◎ ⊖ ◐ ○

かいとうばんごう	かいとうらん Answer 1	2	3	4
1	①	②	③	④
2	①	②	③	④
3	①	②	③	④
4	①	②	③	④
5	①	②	③	④
6	①	②	③	④
7	①	②	③	④
8	①	②	③	④
9	①	②	③	④
10	①	②	③	④
11	①	②	③	④
12	①	②	③	④
13	①	②	③	④
14	①	②	③	④
15	①	②	③	④
16	①	②	③	④
17	①	②	③	④
18	①	②	③	④
19	①	②	③	④
20	①	②	③	④
21	①	②	③	④
22	①	②	③	④
23	①	②	③	④
24	①	②	③	④
25	①	②	③	④

かいとうばんごう	かいとうらん Answer 1	2	3	4
26	①	②	③	④
27	①	②	③	④
28	①	②	③	④
29	①	②	③	④
30	①	②	③	④
31	①	②	③	④
32	①	②	③	④
33	①	②	③	④
34	①	②	③	④
35	①	②	③	④
36	①	②	③	④
37	①	②	③	④
38	①	②	③	④
39	①	②	③	④
40	①	②	③	④
41	①	②	③	④
42	①	②	③	④
43	①	②	③	④
44	①	②	③	④
45	①	②	③	④
46	①	②	③	④
47	①	②	③	④

問題用紙

(2005)

4 級
文字・語彙
（100点　25分）

注意
Notes

1. 試験が始まるまで、この問題用紙を開けないでください。
Do not open this question booklet before the test begins.

2. この問題用紙を持っていくことはできません。
Do not take this question booklet with you after the test.

3. 受験番号となまえをしたの欄に、受験票と同じようにはっきりと書いてください。
Write your registration number and name clearly in each box below as written on your test voucher.

4. この問題用紙は、全部で7ページあります。
This question booklet has 7 pages.

5. 問題には解答番号の 1 、2 、3 … がついています。解答は、解答用紙にある同じ番号の解答欄に書いてください。
One of the row numbers 1, 2, 3 … is given for each question. Mark your answer in the same row of the answer sheet.

受験番号　Examinee Registration Number	

なまえ　Name	

もんだいⅠ ＿＿＿は ひらがなで どう かきますか。1・2・3・4 から いちばん いい ものを ひとつ えらびなさい。

（れい） 大きな こえで いって ください。

大きな　　1 おきな　　2 おおきな
　　　　　3 たいきな　4 だいきな

（かいとうようし）	**（れい）**	① ● ③ ④

とい1 たなか先生[1]は 土よう日[2]に きます。

1 先生　1 せいせ　2 せいせい　3 せんせ　4 せんせい

2 土よう日　1 とようび　2 どようび　3 かようび　4 がようび

とい2 この 道[3]を 百[4]メートル いって ください。左[5]に こうばんが あります。

3 道　1 かど　2 はし　3 へん　4 みち

4 百　1 ひゃく　2 びゃく　3 はく　4 ばく

5 左　1 さき　2 ひだり　3 みぎ　4 むこう

とい3 北[6]の まちに 電車[7]で でかけました。

6 北　1 にし　2 ほか　3 きた　4 となり

7 電車　1 てんしゃ　2 てんじゃ　3 でんしゃ　4 でんじゃ

とい4 あの 人[8]は とても 有名[9]です。

8 人　1 にん　2 ひと　3 しと　4 じん

9 有名　1 ゆうめい　2 ゆうめ　3 ゆうまい　4 ゆうま

とい5　<u>木</u>の　<u>上</u>に　ねこが　います。
　　　　10　　11

10	木	1 ぼん	2 ほん	3 ぎ	4 き
11	上	1 すた	2 した	3 うえ	4 うい

とい6　かわいい　<u>女の子</u>が　<u>生まれました</u>。
　　　　　　　　　12　　　13

12	女の子	1 おんなのこ	2 おなのこ
		3 あんなのこ	4 あなのこ
13	生まれました	1 ほまれました	2 ふまれました
		3 おまれました	4 うまれました

とい7　<u>店</u>の　<u>入り口</u>は　どこですか。
　　　　14　　15

14	店	1 みせ	2 へや	3 えき	4 いえ
15	入り口	1 のりぐち	2 かえりぐち	3 おりぐち	4 いりぐち

もんだいII　＿＿＿は　どう　かきますか。1・2・3・4から　いちばん　いい　ものを　ひとつ　えらびなさい。

(れい)　あたらしい　ペンです。

あたらしい　1 新い　2 新しい　3 親い　4 親しい

(かいとうようし)　**(れい)** ① ● ③ ④

とい1　ははと[16]　やまに[17]　のぼりました。

[16] はは　1 母　2 母　3 母　4 母

[17] やま　1 屮　2 山　3 止　4 凸

とい2　こんしゅうは[18]　てんきが[19]　よかった。

[18] こんしゅう　1 今週　2 今過　3 令週　4 令過

[19] てんき　1 天気　2 天汽　3 矢気　4 矢汽

とい3　その　ちいさい[20]　かれんだーを[21]　ください。

[20] ちいさい　1 小い　2 小さい　3 少い　4 少さい

[21] かれんだー　1 カ⅃ングー　2 カ⅃ンダー　3 カレングー　4 カレンダー

とい4　ひがしの[22]　そらが[23]　きれいです。

[22] ひがし　1 東　2 東　3 南　4 南

[23] そら　1 川　2 池　3 空　4 風

とい5　むいかの[24]　ごごに[25]　あいましょう。

[24] むいか　1 九日　2 三日　3 六日　4 五日

[25] ごご　1 午役　2 牛役　3 午後　4 牛後

もんだいIII ＿＿＿の　ところに　なにを　いれますか。1・2・3・4 から　いちばん　いい　ものを　ひとつ　えらびなさい。

(れい)　としょかんに　CDを　＿＿＿。

1 かけました　2 かちました　3 かえしました　4 かかりました

(かいとうようし)　| **(れい)** | ①　②　●　④ |

26 りょこうの　かいしゃに　ひこうきの　＿＿＿を　たのみました。

1 きっぷ　2 ろうか　3 がいこく　4 くうこう

27 わたしは　いつも　10じに　ねて　5じに　＿＿＿。

1 あきます　2 おきます　3 はきます　4 ひきます

28 さむいですね。まどを　＿＿＿　ください。

1 おして　2 きって　3 けして　4 しめて

29 さようなら。＿＿＿　あした。

1 また　2 もう　3 いかが　4 しかし

30 この　かばんは　ふるいですが、とても　＿＿＿。

1 げんきです　2 しずかです　3 じょうぶです　4 にぎやかです

31 2000ねんに　＿＿＿。いま　こどもは　3にんです。

1 けんかしました　2 さんぽしました

3 けっこんしました　4 しつもんしました

32 ＿＿＿ですね。でんきを　つけましょう。

1 うすい　2 くらい　3 しろい　4 あかるい

33 とりが ＿＿＿ います。

1 あげて　　2 あって　　3 さして　　4 とんで

34 ここから　がっこうまで　2＿＿＿です。

1 はい　　2 ひき　　3 キロ　　4 カップ

35 たんじょうびに　みんなで ＿＿＿を　とりました。

1 はがき　　2 しゃしん　　3 フィルム　　4 ポスト

もんだいIV　＿＿＿の　ぶんと　だいたい　おなじ　いみの　ぶんは　どれですか。1・2・3・4から　いちばん　いい　ものを　ひとつ　えらびなさい。

(れい)　わたしの　うちには　ペットが　います。

1　わたしの　うちには　かぞくが　います。
2　わたしの　うちには　どうぶつが　います。
3　わたしの　うちには　ともだちが　います。
4　わたしの　うちには　りょうしんが　います。

（かいとうようし）

(れい)	①　●　③　④

36　きのう　たなかさんは　しごとを　やすみましたね。なぜですか。

1　たなかさんは　どこで　しごとを　やすみましたか。
2　たなかさんは　どんな　しごとを　やすみましたか。
3　たなかさんは　どうして　しごとを　やすみましたか。
4　たなかさんは　どっちの　しごとを　やすみましたか。

37　この　しょくどうは　まずいです。

1　ここの　りょうりは　おいしいです。
2　ここの　りょうりは　おいしく　ありません。
3　ここの　りょうりは　やすいです。
4　ここの　りょうりは　やすく　ありません。

38　こうえんに　けいかんが　いました。

1　おいしゃさんが　いました。
2　おくさんが　いました。
3　おにいさんが　いました。
4　おまわりさんが　いました。

39 テーブルに　おさらを　8まい　ならべて　ください。

1 おさらを　8まい　おいて　ください。

2 おさらを　8まい　もって　ください。

3 おさらを　8まい　つかって　ください。

4 おさらを　8まい　わたして　ください。

40 わたしは　くだものが　すきです。

1 いぬや　ねこなどが　すきです。

2 すしや　てんぷらなどが　すきです。

3 やきゅうや　サッカーなどが　すきです。

4 りんごや　バナナなどが　すきです。

問題用紙

(2005)

4級
聴　　解
(100点　25分)

注　意
Notes

1. 試験が始まるまで、この問題用紙を開けないでください。
Do not open this question booklet before the test begins.

2. この問題用紙を持って帰ることはできません。
Do not take this question booklet with you after the test.

3. 受験番号と名前を下の欄に、受験票と同じようにはっきりと書いてください。
Write your registration number and name clearly in each box below as written on your test voucher.

4. この問題用紙は、全部で9ページあります。
This question booklet has 9 pages.

5. もんだいIともんだいIIは解答のしかたが違います。例をよく見て注意してください。
Answering methods for Part I and Part II are different. Please study the examples carefully and mark correctly.

6. この問題用紙にメモをとってもいいです。
You may make notes in this question booklet.

受験番号　Examinee Registration Number	

名前　Name	

もんだいⅠ

れい１

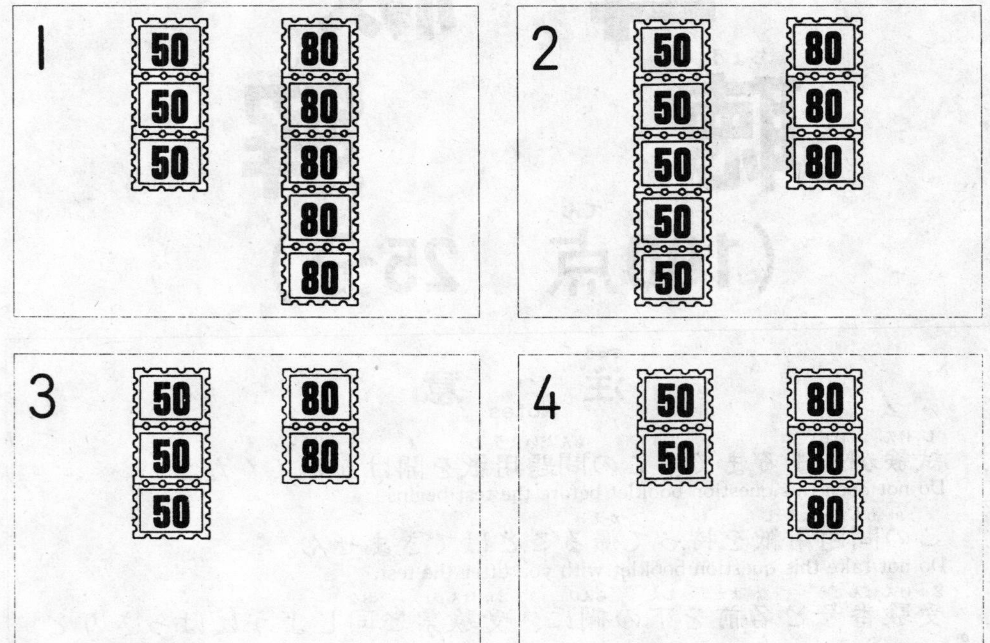

もんだいⅠ				
かいとうばんごう	かいとうらん Answer			
	1	2	3	4
れい１	●	②	③	④

れい 2

1. きのうまで
2. きょうまで
3. あしたまで
4. あさってまで

もんだい I				
かいとうばんごう	かいとうらん Answer			
	1	2	3	4
れい 1	●	②	③	④
⇨ れい 2	①	②	●	④

1ばん

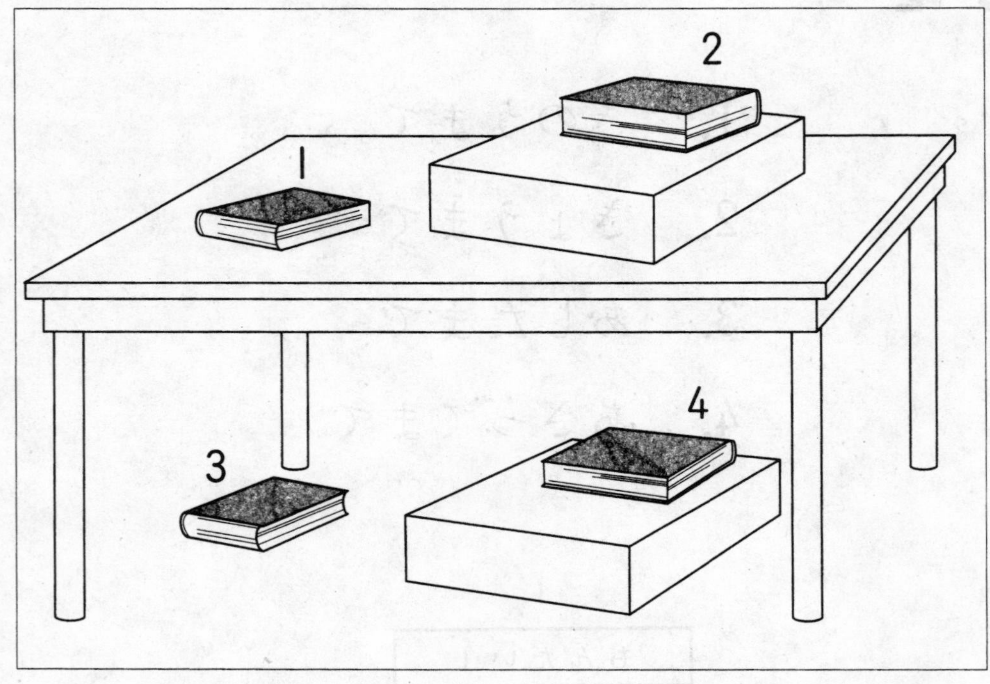

2ばん

3ばん

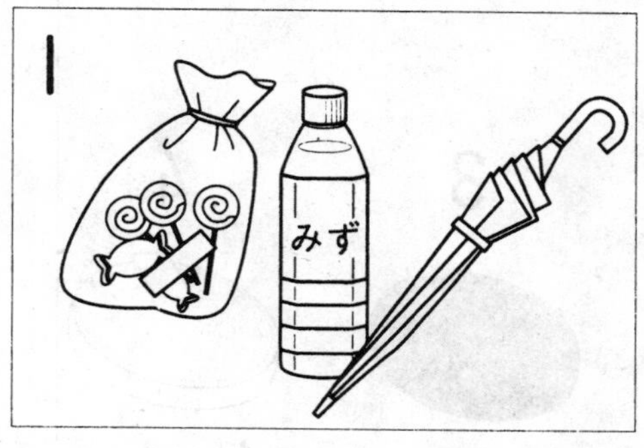

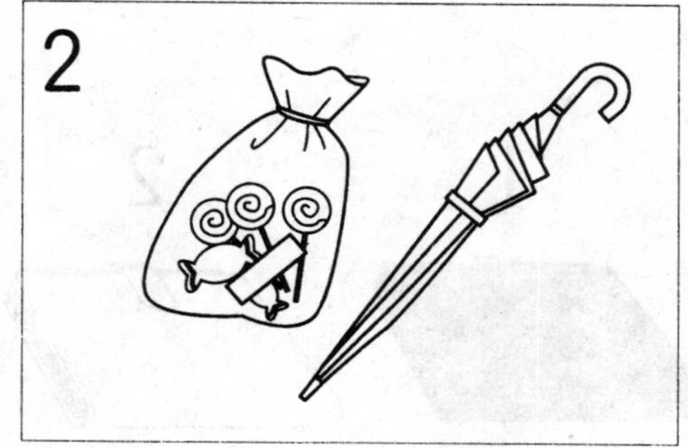

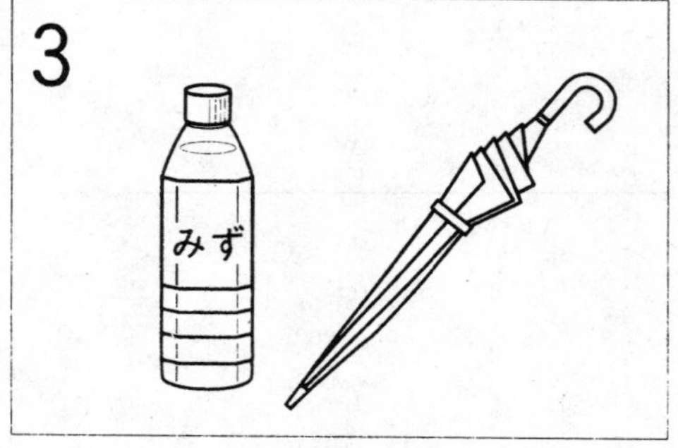

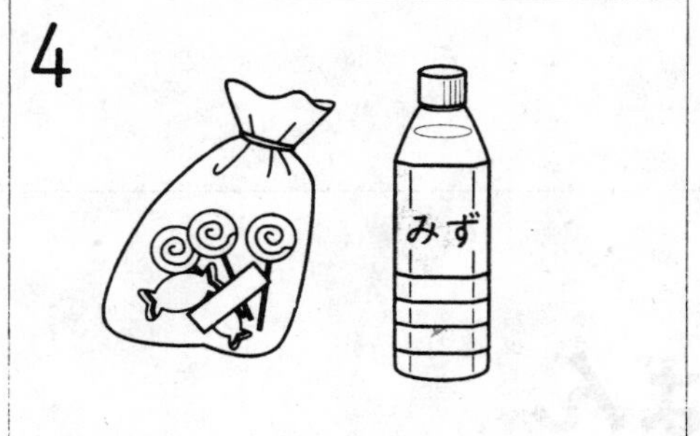

4 ばん

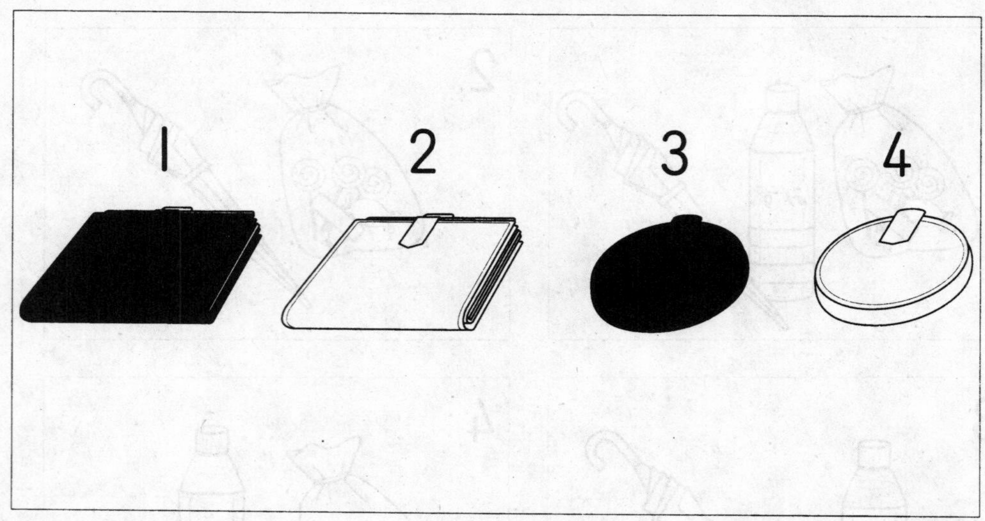

5 ばん

1. 午前（ごぜん）8時（じ）50分（ぷん）
2. 午後（ごご）8時（じ）50分（ぷん）
3. 午前（ごぜん）8時（じ）15分（ふん）
4. 午後（ごご）8時（じ）15分（ふん）

6 ばん

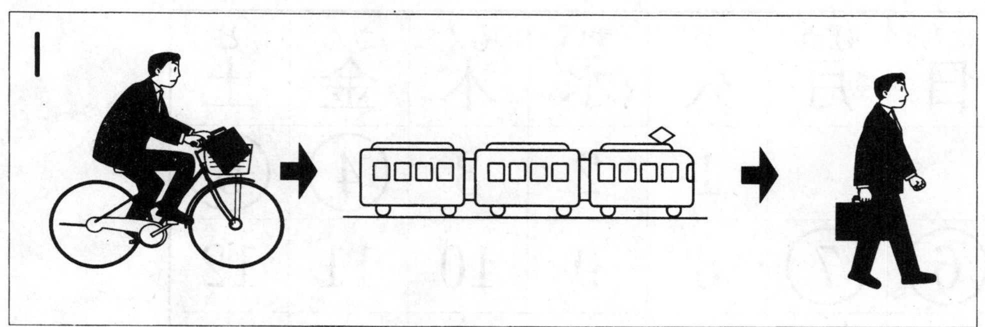

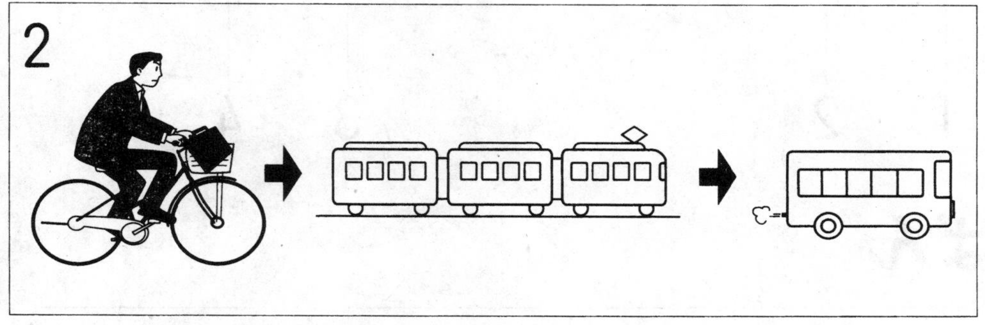

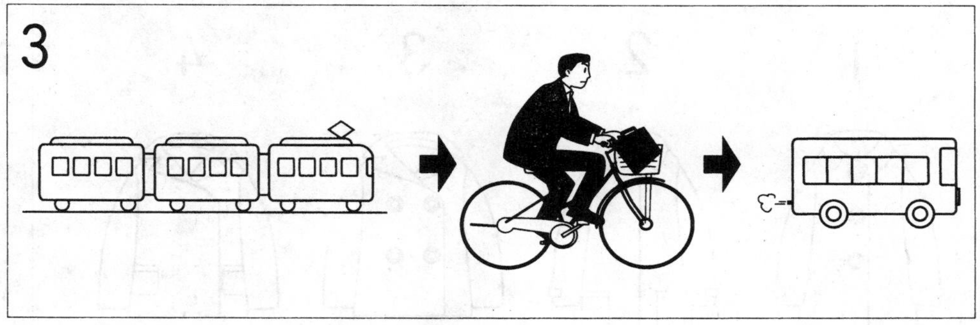

7 ばん

日(にち)	月(げつ)	火(か)	水(すい)	木(もく)	金(きん)	土(ど)
		1	2	3	④	⑤
⑥	⑦	8	9	10	11	12

1　2　3　4

8 ばん

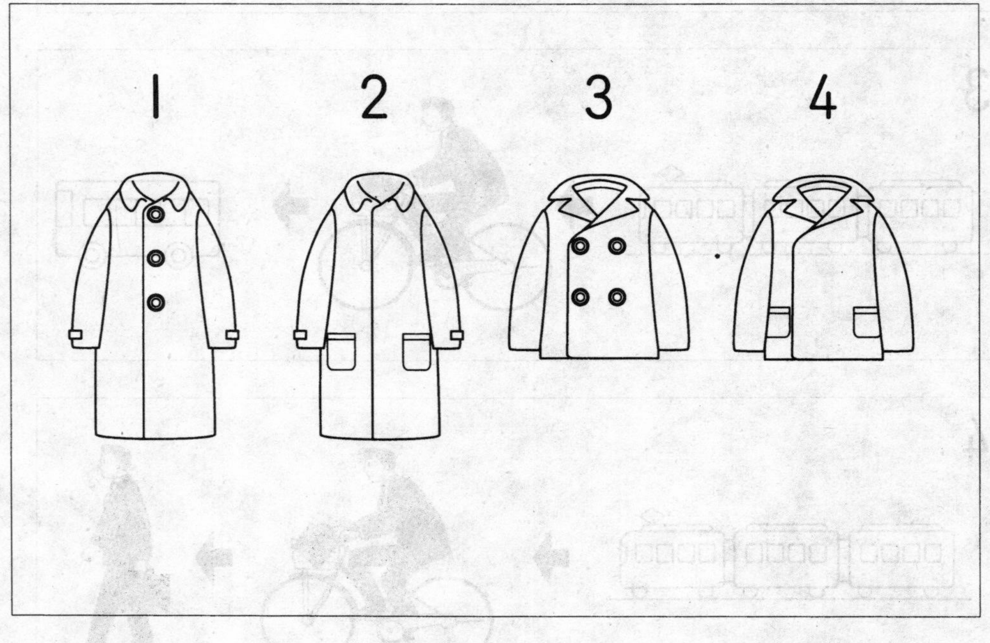

9 ばん

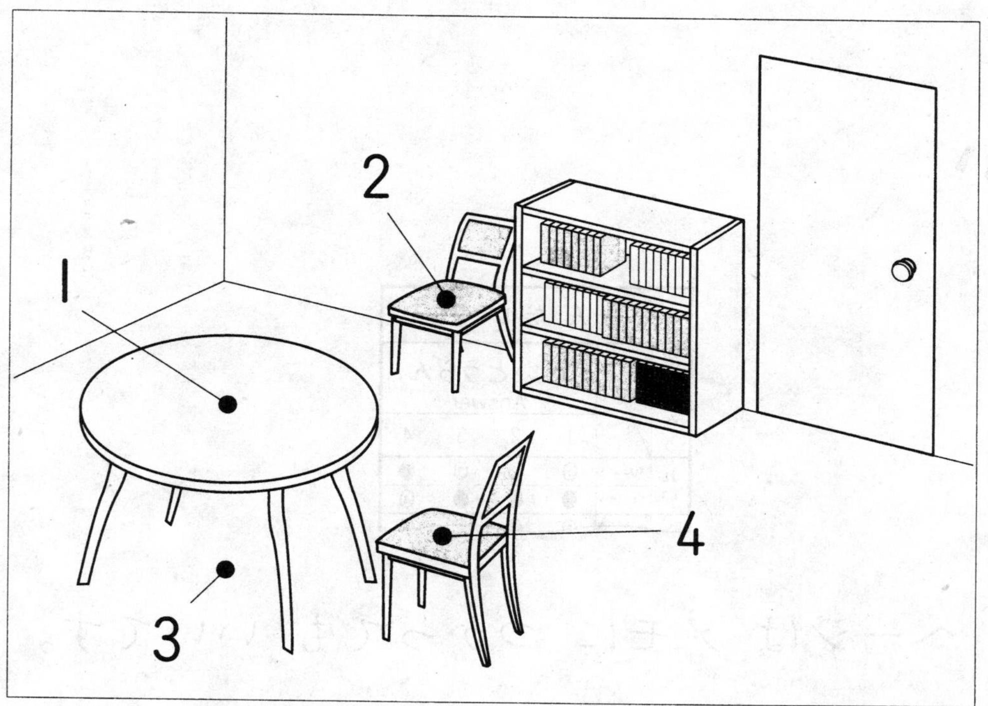

もんだいⅡ　えなどは　ありません。

れい

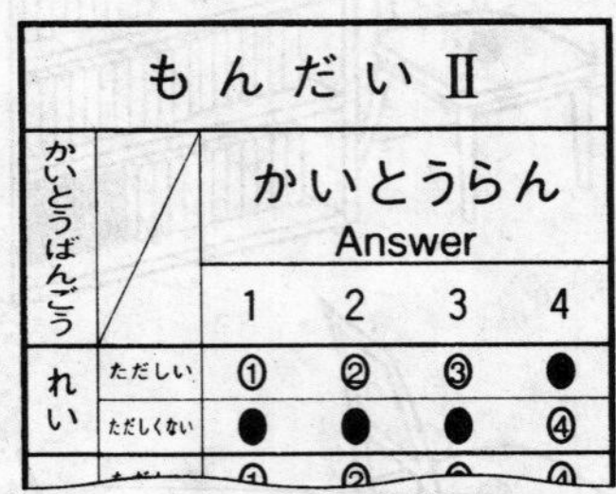

もんだいⅡ					
かいとうばんごう		かいとうらん Answer			
		1	2	3	4
れい	ただしい	①	②	③	●
	ただしくない	●	●	●	④

この　ページは　メモに　つかっても　いいです。

問題用紙

(2005)

4 級
読解・文法
(200点 50分)

注意
Notes

1. 試験が始まるまで、この問題用紙を開けないでください。
Do not open this question booklet before the test begins.
2. この問題用紙を持って帰ることはできません。
Do not take this question booklet with you after the test.
3. 受験番号と名前を下の欄に、受験票と同じようにはっきりと書いてください。
Write your registration number and name clearly in each box below as written on your test voucher.
4. この問題用紙は11ページあります。
This question booklet has 11 pages.
5. 問題には解答番号の 1 、 2 、 3 … が付いています。解答は、解答用紙にある同じ番号の解答欄にマークしてください。
One of the row numbers 1, 2, 3 … is given for each question. Mark your answer in the same row of the answer sheet.

受験番号 Examinee Registration Number	
名前 Name	

もんだいⅠ　＿＿＿の　ところに　何(なに)を　入(い)れますか。1・2・3・4から いちばん　いい　ものを　一(ひと)つ　えらびなさい。

(れい)　これ＿＿＿　えんぴつです。

1 に　　2 を　　3 は　　4 や

（かいとうようし）　| **(れい)** | ① ② ● ④ |

1 山田(やまだ)さんは　となりの　へや＿＿＿　います。

1 に　　2 へ　　3 や　　4 を

2 ふゆ休(やす)みは　らいしゅう＿＿＿　はじまります。

1 と　　2 まで　　3 から　　4 が

3 この　カメラ＿＿＿　きのう　かいました。

1 が　　2 は　　3 の　　4 で

4 わたしは　きょう　6時(じ)に　会社(かいしゃ)＿＿＿　出ます。

1 を　　2 と　　3 が　　4 で

5 あねは　デパートへ　かいもの＿＿＿　出(で)かけました。

1 が　　2 を　　3 と　　4 に

6 あにの　へやには　ラジオや　テレビ＿＿＿が　あります。

1 も　　2 など　　3 と　　4 や

7 目(め)の　中(なか)に　ごみ＿＿＿　入(はい)って、いたいです。

1 を　　2 が　　3 に　　4 で

8 おなかが　いたいから　半分(はんぶん)＿＿＿　食(た)べます。

1 だけ　　2 しか　　3 も　　4 と

9 大学(だいがく)の　友(とも)だちは、えいごの　先生(せんせい)＿＿＿　なりました。

1 で　　2 を　　3 に　　4 から

10 だれ＿＿＿　テストの　時間(じかん)を　おしえて　ください。

1 に　　2 が　　3 は　　4 か

11 あなたの　いえは　学校(がっこう)＿＿＿　とおいですか。

1 か　　2 を　　3 で　　4 から

12 その　大(おお)きい　にもつは　わたし＿＿＿です。

1 が　　2 の　　3 や　　4 を

13 今週(こんしゅう)は　げつようびも　かようび＿＿＿　休(やす)みです。

1 や　　2 と　　3 も　　4 は

14 あした　雨(あめ)が　ふるか　ふらない＿＿＿　わかりません。

1 か　　2 が　　3 も　　4 は

15 びょうき＿＿＿　会社(かいしゃ)を　休(やす)みました。

1 を　　2 に　　3 が　　4 で

もんだいII　＿＿の　ところに　何（なに）を　入（い）れますか。1・2・3・4から いちばん　いい　ものを　一（ひと）つ　えらびなさい。

16 あしたの　パーティーは　たぶん　＿＿でしょう。

1 にぎやかに　2 にぎやかだ　3 にぎやかな　4 にぎやか

17 この　テストは、じしょを　＿＿ください。

1 つかうないで　2 つかわないで

3 つかいないで　4 つかないで

18 おんがくを　＿＿ながら　さくぶんを　書（か）きました。

1 聞（き）いた　2 聞く　3 聞いて　4 聞き

19 まいあさ　会社（かいしゃ）に　＿＿　まえに　スポーツを　します。

1 行（い）く　2 行きます　3 行った　4 行って

20 魚（さかな）が　たくさん　＿＿　います。

1 およぎて　2 およぐて　3 およいで　4 およんで

21 こうえんの　花（はな）は　とても　＿＿。

1 きれいだった　2 きれかった

3 きれくなかった　4 きれくないだった

22 きょうの　テストは　＿＿なかったです。

1 むずかし　2 むずかしい

3 むずかしくて　4 むずかしく

23 わたしは　まいばん　子（こ）どもが　＿＿　あとで　本（ほん）を　読（よ）みます。

1 ねる　2 ねた　3 ねて　4 ねます

24 きょねんの　ふゆは ＿＿＿。

1 あたたかいです　　2 あたたかいだった

3 あたたかかったです　　4 あたたかくでした

25 あにの　新(あたら)しい　カメラは ＿＿＿ かるい。

1 小(ちい)さいくて　　2 小さいで　　3 小さいと　　4 小さくて

26 これは　きのう　わたしが ＿＿＿ しゃしんです。

1 とる　　2 とって　　3 とった　　4 とります

27 この　りょうりは　あまり ＿＿＿よ。

1 からくないです　　2 からいです

3 からかったです　　4 からいではありませんでした

28 きのう　友(とも)だちに　電話(でんわ)を ＿＿＿が、いませんでした。

1 します　　2 しました　　3 して　　4 する

29 たくさん　あるいたから、足(あし)が ＿＿＿ なりました。

1 いたくて　　2 いたいに　　3 いたく　　4 いたい

30 ひるごはんの　時間(じかん)を　もっと ＿＿＿ しませんか。

1 おそく　　2 おそい　　3 おそいに　　4 おそくて

もんだいIII ＿＿＿の ところに 何(なに)を 入(い)れますか。1・2・3・4から いちばん いい ものを 一(ひと)つ えらびなさい。

31 えいがは 何時(なんじ)＿＿＿ おわりますか。

1 など　　2 ごろ　　3 じゅう　　4 か

32 ドアに カレンダーが はって ＿＿＿。

1 なります　　2 います　　3 します　　4 あります

33 すみません、トイレは ＿＿＿ですか。

1 どちら　　2 どこか　　3 どの　　4 どなた

34 ゆきが たくさん ふったから、一人(ひとり)しか ＿＿＿。

1 来(き)ませんでした　　2 来(き)ました

3 来(き)てください　　4 来(く)るでしょう

35 休(やす)みの 日(ひ)は テレビを ＿＿＿ 本(ほん)を ＿＿＿ します。

1 見(み)ると／読(よ)むと　　2 見て／読んで

3 見たり／読んだり　　4 見るや／読むや

36 つぎの バスまで まだ 1時間(じかん) ＿＿＿、きっさてんに 行(い)きましょう。

1 ないから　　2 あるから　　3 あって　　4 なくて

もんだいIV　どの　こたえが　いちばん　いいですか。1・2・3・4から　いちばん　いい　ものを　一つ(ひと)　えらびなさい。

37 A「すみませんが、その　しおを　とって　ください。」

B「＿＿＿＿＿＿。」

1 いいえ、どうも　　2 はい、ください

3 はい、どうぞ　　4 いいえ、とります

38 A「ペットが　いますか。」

B「はい、かわいい　いぬが　います。」

A「＿＿＿＿＿＿。それは　いいですね。」

1 そうですよ　　2 そうですね

3 そうですか　　4 そうです

39 大川(おおかわ)「高山(たかやま)さん、にもつが　多(おお)いですね。少(すこ)し　わたしが　もちましょうか。」

高山(たかやま)「いいえ、＿＿＿＿＿＿。」

1 もって　ください　　2 けっこうです

3 もちましょう　　4 ちがいます

40 A「ゆうびんきょくの　電話(でんわ)ばんごうを　しって　いますか。」

B「いいえ、＿＿＿＿＿＿。」

1 しって　いないです　　2 しって　いません

3 しりないです　　4 しりません

もんだいV　つぎの　ぶんを　読んで　しつもんに　こたえなさい。こたえは　1・2・3・4から　いちばん　いい　ものを　一つ　えらびなさい。

トム「山本さん、この　へんに　おいしい　しょくどうが　ありますか。」

山本「ちかくに、マンプクヤと　いう　しょくどうが　ありますよ。」

トム「何が　おいしいですか。」

山本「てんぷらが　おいしいですよ。でも、ちょっと　高いです。」

トム「いくらですか。」

山本「1,500円ぐらいです。」

トム「ああ。それは　高いですね。もっと　安い　ところは　ありませんか。」

山本「ありますが、ちょっと　とおいですよ。」

トム「（　**41**　）かかりますか。」

山本「あるいて、10分ぐらいです。」

トム「ここから　（　**42**　）行きますか。」

山本「あそこの　こうさてんを　右に　まがって、200メートルぐらい　あるいて　ください。」

トム「（　**43**　）。」

山本「いいえ、右です。右に　200メートルです。ゴハンヤと　いう　店です。大きい　店ですから　すぐに　わかりますよ。」

トム「わかりました。ありがとうございました。」

41 には　何を　入れますか。

1　どれぐらい　　2　どうして　　3　いくらぐらい　　4　どんなに

42 には　何を　入れますか。

1　なぜ　　2　どんな　　3　いつ　　4　どう

43 には　何を　入れますか。

1　左に　200メートルですね

2　あそこの　こうさてんですね

3　すみませんが、わかりません

4　右に　200メートルですね

44　【しつもん】トムさんは　マンプクヤへ　行きますか。

1　安いですから、行きます。

2　高いですから、行きません。

3　おいしいですから、行きます。

4　とおいですから、行きません。

もんだいVI　つぎの　ぶんを　読んで、しつもんに　こたえなさい。

こたえは　1・2・3・4から　いちばん　いい　ものを　一つ　えらびなさい。

(1)　川口さんは　五人かぞくです。けっこんして　いて、こどもが　二人　います。女の子と　男の子です。女の子は　5さいで、男の子は　3さいです。川口さんの　おくさんの　おかあさんも　いっしょに　すんで　います。川口さんの　りょうしんは　とおい　まちに　います。

45　【しつもん】ただしい　ものは　どれですか。

1　川口さんは　りょうしんと　いっしょに　すんで　います。

2　川口さんには　5さいの　男の子が　います。

3　川口さんには　男の子と　女の子が　二人ずつ　います。

4　川口さんの　うちには　大人が　三人　います。

(2)

上山さんへ

　おとといは　どうも　ありがとう。あめが　たくさん　ふりましたから　上山さんに　かさを　かりて　よかったです。かりた　かさは　ドアの　ところに　おきます。それから　きのう　つくった　おかしも　おきます。どうぞ　食べて　ください。では　また。

12月3日　午後7時　　リサより

46【しつもん】リサさんは　12月3日に　何を　しましたか。

1 おかしを　買いました。

2 かさを　かりました。

3 かさを　かえしました。

4 おかしを　つくりました。

(3) 東　「タンさんは　スポーツが　すきですか。」

タン「ええ、すきです。テレビの　スポーツは　よく　見ます。でも、
いそがしくて　あまり　できません。東さんは？」

東　「わたしは、よく　プールへ　行きます。来週の　土よう日、
いっしょに　行きませんか。」

タン「いいですね。来週の　土よう日は　時間が　あります。
行きましょう。」

47 【しつもん】ただしい　ものは　どれですか。

1 東さんは　いそがしくて　あまり　スポーツを　しません。

2 タンさんは　あまり　スポーツを　しませんが、スポーツが
すきです。

3 タンさんと　東さんは　毎週　いっしょに　プールへ　行きます。

4 タンさんと　東さんは　土よう日に　いっしょに　テレビを
見ます。

4 きゅう 2005 にほんごのうりょくしけん かいとうようし（もじ・ごい）

じゅけんばんごう Examinee Registration Number		なまえ Name	

あなたのじゅけんひょうとおなじかどうか、たしかめてください。
Check up on your Test Voucher.

〈 ちゅうい Notes 〉

1. くろいえんぴつ（HB、No. 2）でかいてください。
Use a black medium soft (HB or No.2) pencil.
2. かきなおすときは、けしゴムできれいにしてください。
Erase any unintended marks completely.
3. きたなくしたり、おったりしないでください。
Do not soil or bend this sheet.
4. れい Marking examples

よい Correct	わるい Incorrect
●	⊗ ○ ◯ ◎ ⊘ ◐ ○

かいとうばんごう	かいとうらん Answer 1	2	3	4
1	①	②	③	④
2	①	②	③	④
3	①	②	③	④
4	①	②	③	④
5	①	②	③	④
6	①	②	③	④
7	①	②	③	④
8	①	②	③	④
9	①	②	③	④
10	①	②	③	④
11	①	②	③	④
12	①	②	③	④
13	①	②	③	④
14	①	②	③	④
15	①	②	③	④
16	①	②	③	④
17	①	②	③	④
18	①	②	③	④
19	①	②	③	④
20	①	②	③	④
21	①	②	③	④
22	①	②	③	④
23	①	②	③	④
24	①	②	③	④
25	①	②	③	④

かいとうばんごう	かいとうらん Answer 1	2	3	4
26	①	②	③	④
27	①	②	③	④
28	①	②	③	④
29	①	②	③	④
30	①	②	③	④
31	①	②	③	④
32	①	②	③	④
33	①	②	③	④
34	①	②	③	④
35	①	②	③	④
36	①	②	③	④
37	①	②	③	④
38	①	②	③	④
39	①	②	③	④
40	①	②	③	④

4 きゅう　2005　にほんごのうりょくしけん　かいとうようし(ちょうかい)

じゅけんばんごう Examinee Registration Number		なまえ Name	

あなたのじゅけんひょうとおなじかどうか、たしかめてください。
Check up on your Test Voucher.

〈　ちゅうい　Notes　〉

1. くろいえんぴつ（HB、No.2）でかいてください。
Use a black medium soft (HB or No.2) pencil.
2. かきなおすときは、けしゴムできれいにけしてください。
Erase any unintended marks completely.
3. きたなくしたり、おったりしないでください。
Do not soil or bend this sheet.
4. マークれい　Marking examples

よい Correct	わるい Incorrect
●	⊗ ○ ◯ ◐ ⊘ ◑ ○

もんだいⅠ

かいとうばんごう	かいとうらん Answer 1	2	3	4
れい1	●	②	③	④
れい2	①	②	●	④
1	①	②	③	④
2	①	②	③	④
3	①	②	③	④
4	①	②	③	④
5	①	②	③	④
6	①	②	③	④
7	①	②	③	④
8	①	②	③	④
9	①	②	③	④

もんだいⅡ

かいとうばんごう		かいとうらん Answer 1	2	3	4
れい	ただしい	①	②	③	●
	ただしくない	●	●	●	④
1	ただしい	①	②	③	④
	ただしくない	①	②	③	④
2	ただしい	①	②	③	④
	ただしくない	①	②	③	④
3	ただしい	①	②	③	④
	ただしくない	①	②	③	④
4	ただしい	①	②	③	④
	ただしくない	①	②	③	④
5	ただしい	①	②	③	④
	ただしくない	①	②	③	④
6	ただしい	①	②	③	④
	ただしくない	①	②	③	④
7	ただしい	①	②	③	④
	ただしくない	①	②	③	④
8	ただしい	①	②	③	④
	ただしくない	①	②	③	④

4 きゅう 2005 にほんごのうりょくしけん かいとうようし(どっかい・ぶんぽう)

じゅけんばんごう Examinee Registration Number		なまえ Name	

あなたのじゅけんひょうとおなじかどうか、たしかめてください。
Check up on your Test Voucher.

〈 ちゅうい Notes 〉

1. くろいえんぴつ（HB、No. 2）でかいてください。
Use a black medium soft (HB or No. 2) pencil.
2. かきなおすときは、けしゴムできれいにけしてください。
Erase any unintended marks completely.
3. きたなくしたり、おったりしないでください。
Do not soil or bend this sheet.
4. マークれい Marking examples

よい Correct	わるい Incorrect
●	⊗ ◔ ◯ ◉ ⊕ ◐ ○

かいとうばんごう	かいとうらん Answer			
	1	2	3	4
1	①	②	③	④
2	①	②	③	④
3	①	②	③	④
4	①	②	③	④
5	①	②	③	④
6	①	②	③	④
7	①	②	③	④
8	①	②	③	④
9	①	②	③	④
10	①	②	③	④
11	①	②	③	④
12	①	②	③	④
13	①	②	③	④
14	①	②	③	④
15	①	②	③	④
16	①	②	③	④
17	①	②	③	④
18	①	②	③	④
19	①	②	③	④
20	①	②	③	④
21	①	②	③	④
22	①	②	③	④
23	①	②	③	④
24	①	②	③	④
25	①	②	③	④

かいとうばんごう	かいとうらん Answer			
	1	2	3	4
26	①	②	③	④
27	①	②	③	④
28	①	②	③	④
29	①	②	③	④
30	①	②	③	④
31	①	②	③	④
32	①	②	③	④
33	①	②	③	④
34	①	②	③	④
35	①	②	③	④
36	①	②	③	④
37	①	②	③	④
38	①	②	③	④
39	①	②	③	④
40	①	②	③	④
41	①	②	③	④
42	①	②	③	④
43	①	②	③	④
44	①	②	③	④
45	①	②	③	④
46	①	②	③	④
47	①	②	③	④

もんだい用紙

(2004)

4級
もじ・ごい
(100点　25分)

注　意
Notes

1. 試験が始まるまで、このもんだい用紙をあけないでください。
Do not open this question booklet before the test begins.

2. このもんだい用紙を持っていくことはできません。
Do not take this question booklet with you after the test.

3. 受験番号と名前を下の欄に、受験票と同じようにはっきりと書いてください。
Write your registration number and name clearly in each box below as written on your test voucher.

4. このもんだい用紙は、全部で7ページあります。
This question booklet has 7 pages.

5. もんだいには解答番号の 1 、 2 、 3 …が付いています。解答は、解答用紙にある同じ番号の解答欄にマークしてください。
One of the row numbers 1, 2, 3 … is given for each question. Mark your answer in the same row of the answer sheet.

受験番号　Examinee Registration Number	
名前　Name	

もんだいⅠ ＿＿＿は ひらがなで どう かきますか。1・2・3・4 から いちばん いい ものを ひとつ えらびなさい。

（れい） 来週 いきます。

来週　1 らいしゅう　2 らんしゅう
3 こいしゅう　4 こんしゅう

（かいとうようし）　**（れい）** ● ② ③ ④

とい1 ぎんこうは 駅を[1] 出て[2] すぐ 右[3]です。

[1] 駅　1 うち　2 えき　3 てら　4 もん

[2] 出て　1 てて　2 でて　3 たして　4 だして

[3] 右　1 みき　2 みぎ　3 ひたり　4 ひだり

とい2 毎日[4] 友だち[5]と プールで およぎます。

[4] 毎日　1 こんじつ　2 こんにち　3 まいじつ　4 まいにち

[5] 友だち　1 とまだち　2 どまだち　3 ともだち　4 どもだち

とい3 それは 二つ[6]で 五万[7]えんです。

[6] 二つ　1 よっつ　2 みっつ　3 いつつ　4 ふたつ

[7] 五万　1 ごせん　2 ごまん　3 ごうせん　4 ごうまん

とい4 大きな[8] こえで 言って[9] ください。

[8] 大きな　1 おきな　2 おおきな　3 たいきな　4 だいきな

[9] 言って　1 いって　2 すって　3 とって　4 まって

とい5　この　川には　魚が　多いです。
10　11　12

10 川　1 いけ　2 かわ　3 へん　4 むら

11 魚　1 かさな　2 がさな　3 さかな　4 さがな

12 多い　1 おい　2 おいい　3 おおい　4 おおいい

とい6　こどもに　外国の　お金を　見せました。
13　14　15

13 外国　1 かいこく　2 かいごく　3 がいこく　4 がいごく

14 お金　1 おかね　2 おがね　3 おかれ　4 おがれ

15 見せました　1 にせました　2 ねせました　3 みせました　4 めせました

もんだいII　＿＿＿は　どう　かきますか。1・2・3・4から　いちばん　いい　ものを　ひとつ　えらびなさい。

(れい)　あたらしい　ほんです。

あたらしい　1 新い　2 新しい　3 親い　4 親しい

（かいとうようし）

(れい)	① ● ③ ④

とい1　くじはんに[16]　あいましょう[17]。

[16] くじはん　1 七時羊　2 七時半　3 九時羊　4 九時半

[17] あいましょう　1 今ましょう　2 今いましょう　3 会ましょう　4 会いましょう

とい2　わたしの　いぬは　あし[18]が　しろい[19]。

[18] あし　1 虽　2 足　3 昰　4 是

[19] しろい　1 田い　2 由い　3 白い　4 自い

とい3　あそこに　おとこ[20]の　ひと[21]が　います。

[20] おとこ　1 男　2 男　3 男　4 男

[21] ひと　1 人　2 太　3 夫　4 夫

とい4　すぺいん[22]で　えいご[23]を　べんきょうして　います。

[22] すぺいん　1 スペイン　2 スペトン　3 ヌペイン　4 ヌペトン

[23] えいご　1 英記　2 英詞　3 英話　4 英語

とい5　らじかせ[24]で　おんがくを　きく[25]。

[24] らじかせ　1 ラジ力セ　2 ラジ力せ　3 ラジカセ　4 ラジカせ

[25] きく　1 問く　2 開く　3 関く　4 聞く

もんだいIII ＿＿に なにを いれますか。1・2・3・4から いちばん いい ものを ひとつ えらびなさい。

(れい) きのう ＿＿ ひとに あいました。

1 あおい　2 ぬるい　3 おもしろい　4 やわらかい

（かいとうようし）

(れい)	① ② ● ④

26 けさ としょかんに ほんを ＿＿。

1 かけました　2 かちました　3 かえりました　4 かえしました

27 もう はるですね。これから、＿＿ あたたかく なりますね。

1 いちいち　2 いろいろ　3 だんだん　4 もしもし

28 ゆうがたまで いもうとと いっしょに にわで ＿＿。

1 つとめました　2 つくりました　3 あそびました　4 あびました

29 あそこに じてんしゃが ＿＿ とまって います。

1 いっぴき　2 いっさつ　3 いちまい　4 いちだい

30 ＿＿が のみたいです。

1 こうちゃ　2 ちゃわん　3 テーブル　4 おべんとう

31 ＿＿ ゆっくり はなして ください。

1 よく　2 たぶん　3 どうも　4 もっと

32 わたしの ＿＿は ひろくて しずかです。

1 ポケット　2 アパート　3 ベッド　4 テレビ

33 「あ、＿＿！ くるまが きますよ。」

1 とおい　2 うまい　3 あぶない　4 うるさい

34 「ごはんを　もう　いっぱい　いかがですか。」

「＿＿＿＿。」

1　けっこうです　　2　たいせつです　　3　たいへんです　　4　ちょうどです

35 この　じしょは　あつくて　＿＿＿＿です。

1　おもい　　2　からい　　3　すくない　　4　すずしい

もんだいⅣ　＿＿＿の　ぶんと　だいたい　おなじ　いみの　ぶんは　どれですか。1・2・3・4から　いちばん　いい　ものを　ひとつ　えらびなさい。

（れい）　わたしの　いえには　ペットが　います。

1 わたしの　いえには　とりが　います。

2 わたしの　いえには　いしゃが　います。

3 わたしの　いえには　かぞくが　います。

4 わたしの　いえには　りょうしんが　います。

（かいとうようし）

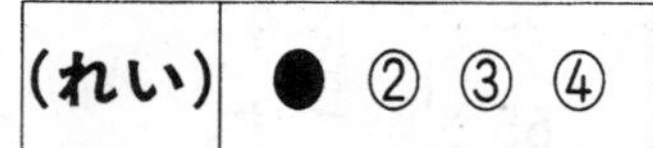

（れい）	● ② ③ ④

36 あさ　こうえんを　さんぽしました。

1 あさ　こうえんを　とびました。

2 あさ　こうえんを　まがりました。

3 あさ　こうえんを　はしりました。

4 あさ　こうえんを　あるきました。

37 そうじを　して　ください。

1 てを　きれいに　して　ください。

2 へやを　きれいに　して　ください。

3 ふくを　きれいに　あらって　ください。

4 からだを　きれいに　あらって　ください。

38 おととし　りょこうしました。

1 りょこうは　にねんまえです。

2 りょこうは　ふつかまえです。

3 りょこうは　いちにちまえです。

4 りょこうは　いちねんまえです。

39 <u>この　ホテルは　ゆうめいです。</u>

1 みんな　この　ホテルを　しりません。

2 みんな　この　ホテルに　すんで　います。

3 みんな　この　ホテルを　しって　います。

4 みんな　この　ホテルに　すんで　いません。

40 <u>おじは　65さいです。</u>

1 ははの　あには　65さいです。

2 ははの　あねは　65さいです。

3 ははの　ちちは　65さいです。

4 ははの　ははは　65さいです。

問題用紙

(２００４)

４級
聴　　解
(100点　25分)

注　意
Notes

1.　試験が始まるまで、この問題用紙を開けないでください。
Do not open this question booklet before the test begins.

2.　この問題用紙を持って帰ることはできません。
Do not take this question booklet with you after the test.

3.　受験番号と名前を下の欄に、受験票と同じようにはっきりと書いてください。
Write your registration number and name clearly in each box below as written on your test voucher.

4.　この問題用紙は、全部で10ページあります。
This question booklet has 10 pages.

5.　もんだいⅠともんだいⅡは解答のしかたが違います。例をよく見て注意してください。
Answering methods for Part I and Part II are different. Please study the examples carefully and mark correctly.

6.　この問題用紙にメモをとってもいいです。
You may make notes in this question booklet.

受験番号　Examinee Registration Number	

名前　Name	

もんだいⅠ

れい１

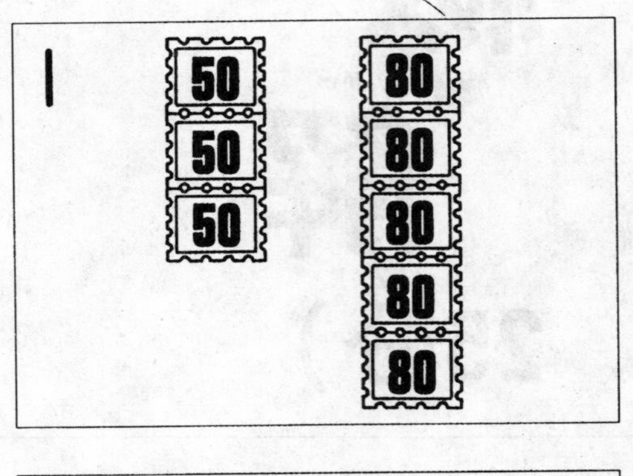

もんだいⅠ				
かいとうばんごう	かいとうらん Answer			
	1	2	3	4
れい１	●	②	③	④
れい２				

れい 2

1. きのうまで
2. きょうまで
3. あしたまで
4. あさってまで

もんだい I				
かいとうばんごう	かいとうらん Answer			
	1	2	3	4
れい 1	●	②	③	④
⇨ れい 2	①	②	●	④

1 ばん

2 ばん

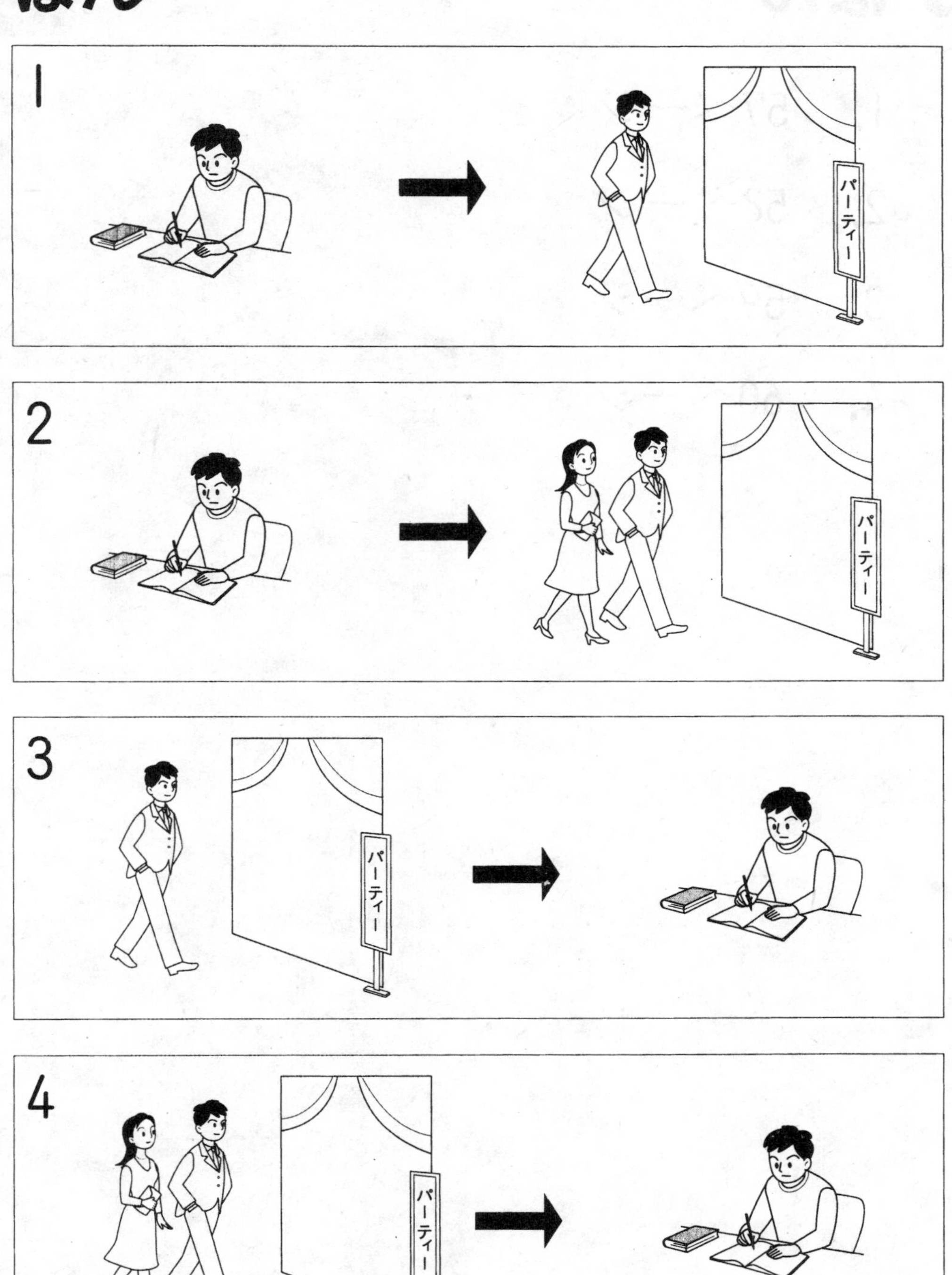

3 ばん

1. 57ページ
2. 58ページ
3. 59ページ
4. 60ページ

4 ばん

5 ばん

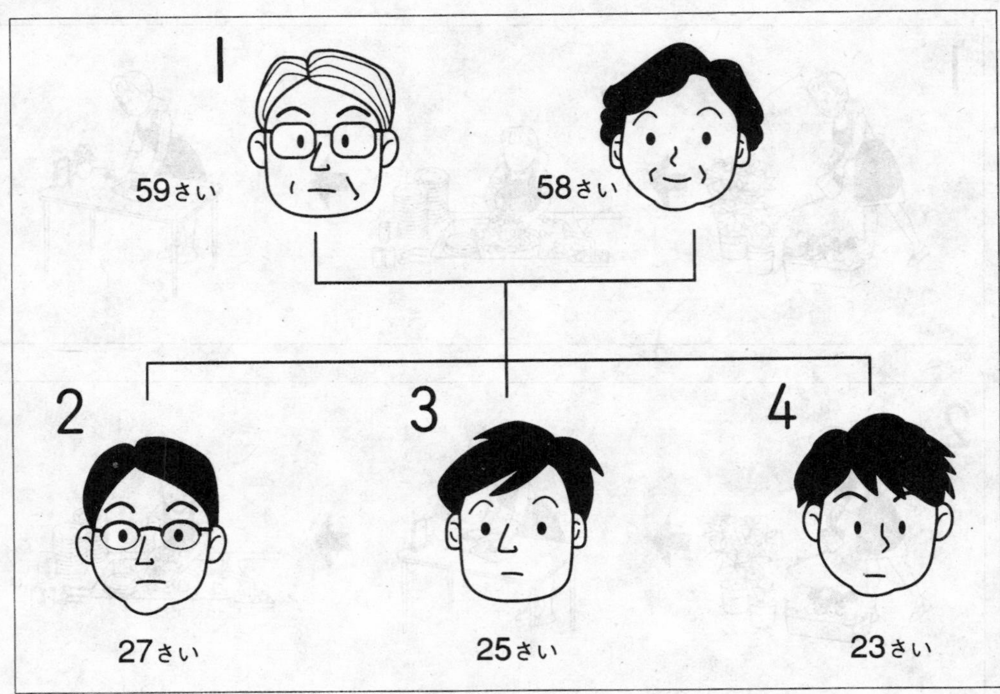

6 ばん

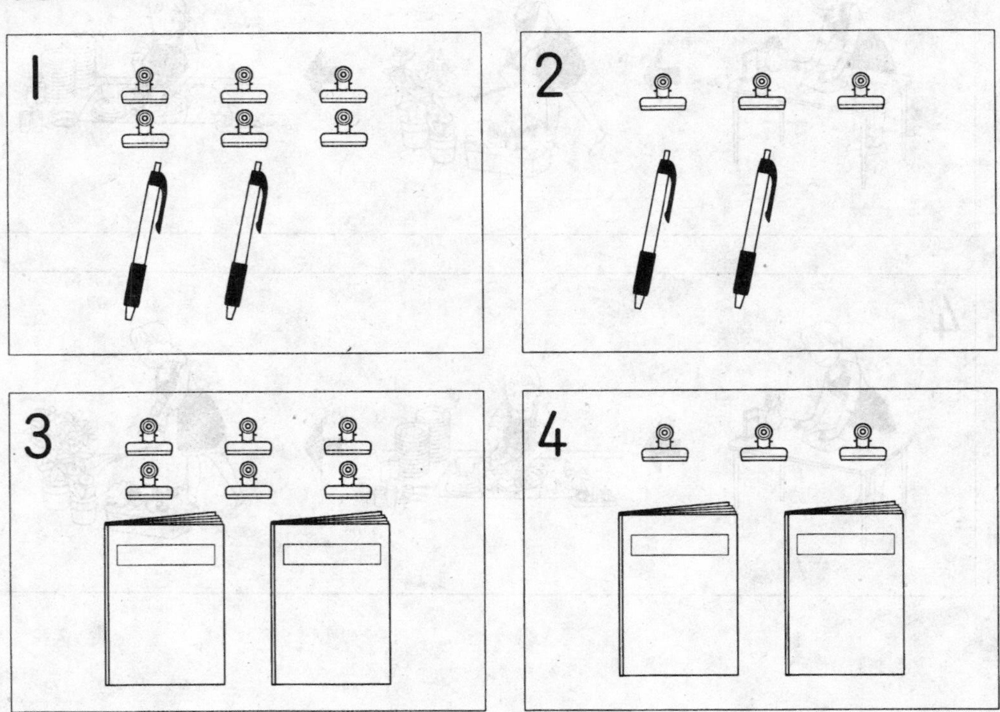

7 ばん

8 ばん

1 2 3 4

日（にち）	月（げつ）	火（か）	水（すい）	木（もく）	金（きん）	土（ど）
					1	2
3	④	⑤	⑥	7	⑧	9
10	11	12	13	14	15	16
17	18	19	20	21	22	23
24/31	25	26	27	28	29	30

9 ばん

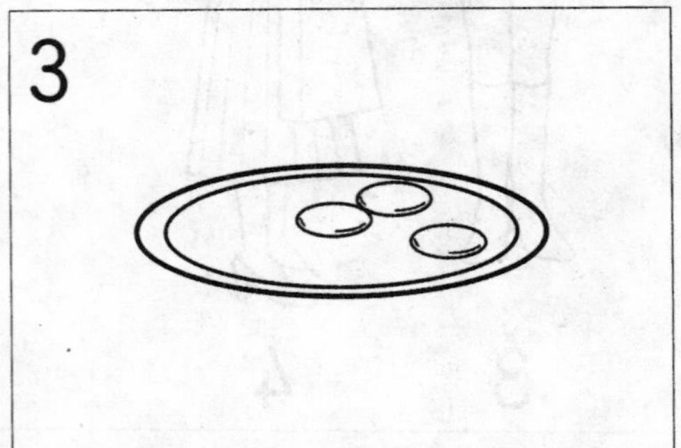

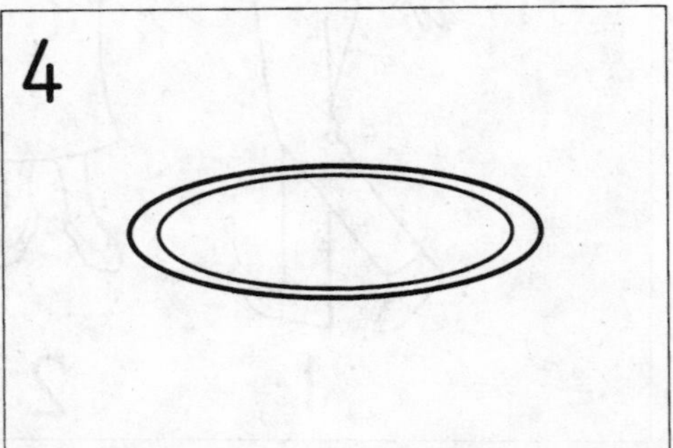

10 ばん

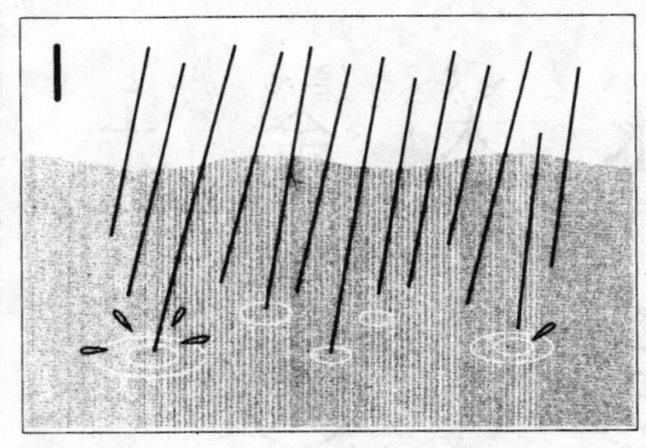

もんだいⅡ　えなどは　ありません。

れい

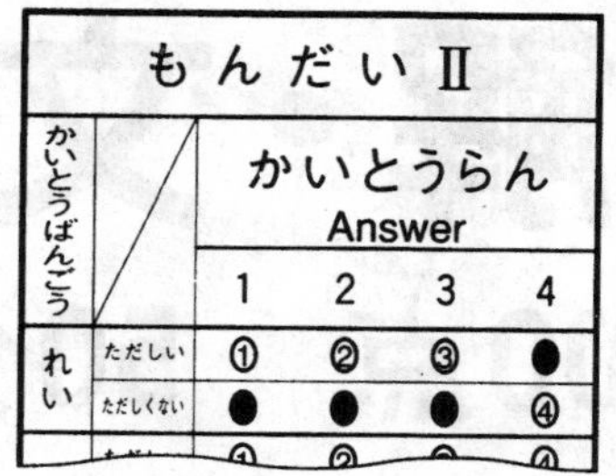

もんだいⅡ					
かいとうばんごう		かいとうらん Answer			
		1	2	3	4
れい	ただしい	①	②	③	●
	ただしくない	●	●	●	④

この　ページは　メモに　つかっても　いいです。

問題用紙

（２００４）

４級
読解・文法
（200点　50分）

注　意
Notes

1．試験が始まるまで、この問題用紙を開けないでください。
Do not open this question booklet before the test begins.

2．この問題用紙を持って帰ることはできません。
Do not take this question booklet with you after the test.

3．受験番号と名前を下の欄に、受験票と同じようにはっきりと書いてください。
Write your registration number and name clearly in each box below as written on your test voucher.

4．この問題用紙は10ページあります。
This question booklet has 10 pages.

5．問題には解答番号の 1 、 2 、 3 … が付いています。解答は、解答用紙にある同じ番号の解答欄にマークしてください。
One of the row numbers 1, 2, 3 … is given for each question. Mark your answer in the same row of the answer sheet.

受験番号　Examinee Registration Number	

名前　Name	

もんだいⅠ ＿＿＿の ところに 何(なに)を 入(い)れますか。1・2・3・4から いちばん いい ものを 一(ひと)つ えらびなさい。

(れい) これ＿＿＿ えんぴつです。

1 に　　2 を　　3 は　　4 や

(かいとうようし)

(れい)	① ② ● ④

1 わたしは よく いもうと＿＿＿ あそびました。

1 を　　2 と　　3 に　　4 の

2 バス＿＿＿ のって、 うみへ 行(い)きました。

1 の　　2 で　　3 に　　4 を

3 さいふは どこ＿＿＿ ありませんでした。

1 にも　　2 へも　　3 にか　　4 へか

4 タクシー＿＿＿ よんで ください。

1 の　　2 に　　3 が　　4 を

5 どちら＿＿＿ あなたの 本(ほん)ですか。

1 へ　　2 は　　3 が　　4 に

6 母(はは)は せいが 高(たか)いですが、父(ちち)＿＿＿ ひくいです。

1 に　　2 と　　3 も　　4 は

7 だれ＿＿＿ まどを しめて ください。

1 は　　2 が　　3 か　　4 に

8 バナナを　半分（はんぶん）＿＿＿　して　いっしょに　食（た）べましょう。

1 が　　2 に　　3 を　　4 で

9 おさらは　10まい＿＿＿　あります。

1 ぐらい　　2 が　　3 しか　　4 ごろ

10 りょうりは　じぶん＿＿＿　つくりますか。

1 へ　　2 か　　3 で　　4 を

11 あの　店（みせ）は　何（なん）＿＿＿　いう　名前（なまえ）ですか。

1 が　　2 に　　3 の　　4 と

12 その　テープは　5本（ほん）＿＿＿　600円（えん）です。

1 で　　2 の　　3 に　　4 か

13 その　こうさてん＿＿＿　左（ひだり）に　まがって　ください。

1 が　　2 を　　3 に　　4 と

14 どこ＿＿＿　来（き）ましたか。

1 から　　2 だけ　　3 など　　4 しか

15 月（げつ）よう日（び）＿＿＿　火（か）よう日（び）に　テストが　あります。

1 で　　2 に　　3 を　　4 か

もんだいII　＿＿＿の　ところに　何を　入れますか。1・2・3・4から　いちばん　いい　ものを　一つ　えらびなさい。

16 きょうは　あまり　＿＿＿ありません。

1　いそがしく　　　2　いそがしいでは

3　いそがしいく　　　4　いそがしいは

17 あの　たてものは　エレベーターが　＿＿＿、べんりです。

1　ある　　　2　あった　　　3　あって　　　4　あるで

18 テストを　して　いますから　＿＿＿　して　ください。

1　しずかで　　　2　しずかだ　　　3　しずか　　　4　しずかに

19 あには　いま　35さい＿＿＿、けっこんして　います。

1　だ　　　2　に　　　3　の　　　4　で

20 まいあさ　うちで　せんたくを　＿＿＿から、学校に　行きます。

1　する　　　2　して　　　3　します　　　4　した

21 子どもの　とき　やさいが　すき＿＿＿。

1　ではありませんでした　　　2　くなかったです

3　はなかったです　　　4　ではないでした

22 来週　＿＿＿　人は　だれですか。

1　休み　　　2　休む　　　3　休んで　　　4　休んだ

23 土よう日は　さんぽ＿＿＿　ギターを　れんしゅう＿＿＿　します。

1　したり／したり　　　2　しったり／しったり

3　して／して　　　4　しいて／しいて

24 この　えいがは ＿＿＿よ。

1 おもしろくないかった　　2 おもしろくなかった

3 おもしろいじゃなかった　　4 おもしろいないかった

25 きのうは　だれも ＿＿＿。

1 来(き)ませんでした　　2 来ました

3 来たです　　4 来(こ)ないでした

26 あしたは　かぜが ＿＿＿ でしょう。

1 つよかった　2 つよくて　3 つよい　4 つよく

27 山(やま)へは　ぼうしを ＿＿＿ 行(い)きましょう。

1 かぶると　2 かぶりて　3 かぶりに　4 かぶって

28 かおが ＿＿＿ なりました。

1 あかくて　2 あかいく　3 あかいに　4 あかく

29 いもうとが ＿＿＿ とき、父(ちち)は　外国(がいこく)に　いました。

1 生(う)まれ　2 生まれた　3 生まれて　4 生まれるの

30 たいせつな　かみですから ＿＿＿ ください。

1 なくさなくて　　2 なくしないで

3 なくさないで　　4 なくしなくて

もんだいIII　＿＿＿の　ところに　何(なに)を　入(い)れますか。1・2・3・4から　いちばん　いい　ものを　一(ひと)つ　えらびなさい。

31 きのうは　＿＿＿　早(はや)く　かえりましたか。

1 いかが　　2 いくつ　　3 どうして　　4 どちら

32 としょかんの　本(ほん)は　まだ　＿＿＿。

1 かえさないでした　　2 かえして　いません

3 かえしました　　4 かえしましょう

33 コーヒーを　＿＿＿　いかがですか。

1 いっぱいが　　2 いっぱい　　3 いっぱいか　　4 いっぱいを

34 毎日(まいにち)　＿＿＿ぐらい　ねますか。

1 どんな　　2 どう　　3 いつ　　4 どれ

35 みんなが　たくさん　飲(の)みましたから、＿＿＿　おさけは　ありません。

1 もう　　2 まだ　　3 よく　　4 とても

36 あの　山(やま)には　一年(いちねん)＿＿＿　ゆきが　あります。

1 など　　2 とき　　3 じゅう　　4 ごろ

もんだいIV　との　こたえが　いちばん　いいですか。1・2・3・4から　いちばん　いい　ものを　一つ(ひと)　えらびなさい。

37 A「この　えは　だれが　かきましたか。」

B「＿＿＿＿＿＿。」

1 山(やま)の　えを　かきました　　2 わたしが　かきました

3 きのう　かきました　　4 先生(せんせい)に　かきました

38 山田(やまだ)「田中(たなか)さん、その　新聞(しんぶん)を　とって　ください。」

田中(たなか)「はい、＿＿＿＿＿＿。」

1 わかります　　2 そうです

3 そうですか　　4 わかりました

39 A「えいがが　見(み)たいですね。」

B「じゃ、＿＿＿＿＿＿。」

1 新(あたら)しい　えいがが　ほしいです

2 わたしは　見たくないでしょう

3 あした　見に　行(い)きませんか

4 見ないで　ください

40 A「この　へんに　ポストは　ありますか。」

B「＿＿＿＿＿＿。」

1 あそこに　あります　　2 はい、ポストです

3 あそこに　ありません　　4 いいえ、ポストじゃ　ありません

もんだいⅤ　つぎの ぶんを 読んで しつもんに こたえなさい。
こたえは 1・2・3・4から いちばん いい ものを 一つ えらびなさい。

すずき「もしもし、ヤンさんですか。すずきです。あした、いっしょに東山こうえんへ　行きませんか。わたしは　よく　さんぽをしますが、ひろくて　きれいですよ。」

ヤン　「いいですね。でも、東山こうえんへ　どう　行きますか。わたしはわかりません。」

すずき「じゃ、あした　東山駅で　会いましょう。」

ヤン　「何時に　しますか。」

すずき「10時は　どうですか。」

ヤン　「（　41　）。10時半は　どうですか。」

すずき「いいですよ。駅の　前に　きっさてんが　あるから、その　前で（　42　）。」

ヤン　「わかりました。ひるごはんを　もって　行きますか。」

すずき「こうえんの　ちかくに　いい　レストランが　あるから、そこでいっしょに　食べませんか。駅の　前の　きっさてんは高いですが、こうえんの　ちかくの　レストランは　安くておいしいですよ。」

ヤン　「それは　いいですね。じゃ、そう　しましょう。」

(1)　41と　42には　何を　入れますか。

41　1　10時に　行きましょう
　　2　10時は　ちょっと……
　　3　10時が　いいですね
　　4　10時は　おそいです

42 1 まって います

2 まつでしょう

3 まちました

4 まちません

(2) ヤンさんと すずきさんは はじめて 東山（ひがしやま）こうえんへ 行（い）きますか。

43 1 ヤンさんも すずきさんも はじめてです。

2 ヤンさんも すずきさんも 前（まえ）に 行きました。

3 ヤンさんは はじめてですが、すずきさんは 前に 行きました。

4 すずきさんは はじめてですが、ヤンさんは 前に 行きました。

(3) ひるごはんは どこで 食（た）べますか。

44 1 駅（えき）の 前（まえ）の きっさてんで 食べます。

2 こうえんの 中（なか）の きっさてんで 食べます。

3 駅の ちかくの レストランで 食べます。

4 こうえんの ちかくの レストランで 食べます。

もんだいVI　つぎの　ぶんを　読(よ)んで、しつもんに　こたえなさい。
こたえは　1・2・3・4から　いちばん　いい　ものを　一(ひと)つ　えらびなさい。

45 けさ、山川(やまかわ)さんは　7時(じ)に　おきました。あさごはんを　食(た)べる　前(まえ)に　シャワーを　あびました。あさごはんを　食べながら　テレビを　見(み)ました。あさごはんを　食べた　あとで、新聞(しんぶん)を　読(よ)みました。それから　会社(かいしゃ)へ　行(い)きました。

【しつもん】　ただしい　ものは　どれですか。

1　あさごはんの　あとで　テレビを　見ました。
2　あさごはんを　食べながら　新聞(しんぶん)を　読(よ)みました。
3　テレビを　見る　前(まえ)に　あさごはんを　食べました。
4　シャワーを　あびた　あとで　あさごはんを　食べました。

46 先生(せんせい)「つくえの　上(うえ)に　本(ほん)を　おかないで　ください。」
学生(がくせい)「あ、すみません。つくえの　中(なか)に　入(い)れますか。」
先生「いいえ、本は　かばんの　中に　入れて　ください。つくえの　上には　えんぴつだけ　おいて　ください。では、テストを　します。」

【しつもん】　テストの　とき　本(ほん)は　どこに　おきますか。

1　かばんの　中(なか)です。
2　つくえの　中です。
3　つくえの　上(うえ)です。
4　かばんの　上です。

47 A「きのう　かさを　買いました。」

B「あ、その　かさですか。きれいな　かさですね。高かったですか。」

A「いいえ。きょねん　買ったのは　高くて　おもかったですが、この

かさは　かるくて　いいです。」

【しつもん】　きのう　買った　かさは　どんな　かさですか。

1 高くて　おもいです。

2 安いですが、おもいです。

3 かるくて　きれいです。

4 きれいですが、高いです。

4 きゅう へいせい16ねんど　にほんごのうりょくしけん　かいとうようし(もじ・ごい)

じゅけんばんごう Examinee Registration Number		なまえ Name	

あなたのじゅけんひょうとおなじかどうか、たしかめてください。
Check up on your Test Voucher.

〈 ちゅうい　Notes 〉

1．くろいえんぴつ（HB、No. 2）でかいてください。
Use a black medium soft (HB or No.2) pencil.

2．かきなおすときは、けしゴムできれいにけしてください。
Erase any unintended marks completely.

3．きたなくしたり、おったりしないでください。
Do not soil or bend this sheet.

4．マークれい　Marking examples

よい Correct	わるい Incorrect
●	⊘ ○ O ◉ ⊛ ◐ ◍

かいとうばんごう	かいとうらん Answer			
	1	2	3	4
1	①	②	③	④
2	①	②	③	④
3	①	②	③	④
4	①	②	③	④
5	①	②	③	④
6	①	②	③	④
7	①	②	③	④
8	①	②	③	④
9	①	②	③	④
10	①	②	③	④
11	①	②	③	④
12	①	②	③	④
13	①	②	③	④
14	①	②	③	④
15	①	②	③	④
16	①	②	③	④
17	①	②	③	④
18	①	②	③	④
19	①	②	③	④
20	①	②	③	④
21	①	②	③	④
22	①	②	③	④
23	①	②	③	④
24	①	②	③	④
25	①	②	③	④

かいとうばんごう	かいとうらん Answer			
	1	2	3	4
26	①	②	③	④
27	①	②	③	④
28	①	②	③	④
29	①	②	③	④
30	①	②	③	④
31	①	②	③	④
32	①	②	③	④
33	①	②	③	④
34	①	②	③	④
35	①	②	③	④
36	①	②	③	④
37	①	②	③	④
38	①	②	③	④
39	①	②	③	④
40	①	②	③	④

4 きゅう へいせい16ねんど　にほんごのうりょくしけん　かいとうようし(ちょうかい)

じゅけんばんごう Examinee Registration Number		なまえ Name	

あなたのじゅけんひょうとおなじかどうか、たしかめてください。

Check up on your Test Voucher.

〈 ちゅうい　Notes 〉

1. くろいえんぴつ（HB、No. 2）でかいてください。 Use a black medium soft (HB or No.2) pencil.
2. かきなおすときは、けしゴムできれいにけしてください。 Erase any unintended marks completely.
3. きたなくしたり、おったりしないでください。 Do not soil or bend this sheet.
4. マークれい　Marking examples

よい Correct	わるい Incorrect
●	

もんだいⅠ

かいとうばんごう	かいとうらん Answer 1	2	3	4
れい1	●	②	③	④
れい2	①	②	●	④
1	①	②	③	④
2	①	②	③	④
3	①	②	③	④
4	①	②	③	④
5	①	②	③	④
6	①	②	③	④
7	①	②	③	④
8	①	②	③	④
9	①	②	③	④
10	①	②	③	④

もんだいⅡ

かいとうばんごう		かいとうらん Answer 1	2	3	4
れい	ただしい	①	②	③	●
	ただしくない	●	●	●	④
1	ただしい	①	②	③	④
	ただしくない	①	②	③	④
2	ただしい	①	②	③	④
	ただしくない	①	②	③	④
3	ただしい	①	②	③	④
	ただしくない	①	②	③	④
4	ただしい	①	②	③	④
	ただしくない	①	②	③	④
5	ただしい	①	②	③	④
	ただしくない	①	②	③	④
6	ただしい	①	②	③	④
	ただしくない	①	②	③	④
7	ただしい	①	②	③	④
	ただしくない	①	②	③	④
8	ただしい	①	②	③	④
	ただしくない	①	②	③	④

4 きゅう へいせい16ねんど　にほんごのうりょくしけん　かいとうようし(どっかい・ぶんぽう)

じゅけんばんごう Examinee Registration Number		なまえ Name	

あなたのじゅけんひょうとおなじかどうか、たしかめてください。
Check up on your Test Voucher.

〈 ちゅうい Notes 〉

1. くろいえんぴつ（HB、No. 2）でかいてください。 Use a black medium soft (HB or No.2) pencil.
2. かきなおすときは、けしゴムできれいにけしてください。 Erase any unintended marks completely.
3. きたなくしたり、おったりしないでください。 Do not soil or bend this sheet.
4. マークれい Marking examples

よい Correct	わるい Incorrect
●	⊗ ○ ◯ ◉ ⊛ ◐ ◒

かいとうばんごう	かいとうらん Answer			
	1	2	3	4
1	①	②	③	④
2	①	②	③	④
3	①	②	③	④
4	①	②	③	④
5	①	②	③	④
6	①	②	③	④
7	①	②	③	④
8	①	②	③	④
9	①	②	③	④
10	①	②	③	④
11	①	②	③	④
12	①	②	③	④
13	①	②	③	④
14	①	②	③	④
15	①	②	③	④
16	①	②	③	④
17	①	②	③	④
18	①	②	③	④
19	①	②	③	④
20	①	②	③	④
21	①	②	③	④
22	①	②	③	④
23	①	②	③	④
24	①	②	③	④
25	①	②	③	④

かいとうばんごう	かいとうらん Answer			
	1	2	3	4
26	①	②	③	④
27	①	②	③	④
28	①	②	③	④
29	①	②	③	④
30	①	②	③	④
31	①	②	③	④
32	①	②	③	④
33	①	②	③	④
34	①	②	③	④
35	①	②	③	④
36	①	②	③	④
37	①	②	③	④
38	①	②	③	④
39	①	②	③	④
40	①	②	③	④
41	①	②	③	④
42	①	②	③	④
43	①	②	③	④
44	①	②	③	④
45	①	②	③	④
46	①	②	③	④
47	①	②	③	④

問題用紙

(2003)

4級

文字・語彙

(100点 25分)

注 意
Notes

1. 試験が始まるまで、この問題用紙の中を見ないでください。
Do not open this question booklet before the test begins.

2. この問題用紙は、あとで返してください。
Do not take this question booklet with you after the test.

3. 受験番号となまえを下の欄に、受験票と同じようにはっきりとかいてください。
Write your registration number and name clearly in each box below as written on your test voucher.

4. この問題用紙は、P.1～P.7まであります。
This question booklet has 7 pages.

5. 問題には解答番号の 1 、 2 、 3 … が付いています。解答は、解答用紙にある同じ番号の解答欄にマークしなさい。
One of the row numbers 1 , 2 , 3 … is given for each question. Mark your answer in the same row of the answer sheet.

受験番号 Examinee Registration Number	
なまえ Name	

もんだいⅠ ＿＿＿は ひらがなで どう かきますか。1・2・3・4 から いちばん いい ものを ひとつ えらびなさい。

(れい) はやしさんは がいこくで 生まれました。

生まれました　1 うまれました　2 あまれました
3 ゆまれました　4 やまれました

(かいとうようし)

(れい)	● ② ③ ④

とい 1 来週[1] 金よう日[2]に 電話[3]を ください。

1	来週	1 らいしゅう	2 らんしゅう		
		3 こいしゅう	4 こんしゅう		
2	金よう日	1 かようび	2 どようび		
		3 きんようび	4 もくようび		
3	電話	1 でんご	2 でんわ	3 かいご	4 かいわ

とい 2 午後[4]から 天気[5]が よく なりました。

4	午後	1 ごこ	2 ごこう	3 ごご	4 ごごう
5	天気	1 でんぎ	2 でんき	3 てんぎ	4 てんき

とい 3 四月[6]は 花[7]が きれいです。

6	四月	1 しがつ	2 よんがつ	3 しげつ	4 よんげつ
7	花	1 そら	2 はな	3 もり	4 みどり

とい 4 この 本[8]を 先[9]に 読んで[10]、それから、さくぶんを かきましょう。

8	本	1 はん	2 ほん	3 ばん	4 ぼん
9	先	1 せん	2 せい	3 さき	4 さい
10	読んで	1 よんで	2 もんで	3 すんで	4 こんで

とい5　ごはんは　少し（11）だけでしたから、三分（12）で　ぜんぶ　食べました（13）。

11 少し　1 すこし　2 すくなし　3 すっこし　4 すっくなし

12 三分　1 さんぶん　2 さっぷん　3 さんぷん　4 さっぷん

13 食べました　1 さべました　2 たべました　3 なべました　4 はべました

とい6　この　へやは　古い（14）ですから、安い（15）です。

14 古い　1 くろい　2 くるい　3 ふろい　4 ふるい

15 安い　1 ひろい　2 せまい　3 ひくい　4 やすい

もんだいII ＿＿＿は　どう　かきますか。1・2・3・4から　いちばん　いい　ものを　ひとつ　えらびなさい。

（れい）　ことばを　<u>やっつ</u>　おぼえました。

やっつ　1　一つ　2　七つ　3　九つ　4　八つ

（かいとうようし）　（れい）①②③●

とい1　<u>でぱーとで</u>[16]　<u>あたらしい</u>[17]　<u>かめらを</u>[18]　<u>かいました</u>[19]。

16 でぱーと　1　デパート　2　ヂパート　3　チパート　4　ギパート

17 あたらしい　1　新しい　2　新しい　3　新い　4　新い

18 かめら　1　カヌラ　2　カメラ　3　カヌラ　4　カメラ

19 かいました　1　売いました　2　店いました　3　員いました　4　買いました

とい2　じぶんの　ものには　<u>なまえ</u>[20]を　<u>かいて</u>[21]　ください。

20 なまえ　1　各前　2　名前　3　各前　4　名前

21 かいて　1　書いて　2　書いて　3　書いて　4　書いて

とい3　だれかが　きょうしつの　<u>そとに</u>[22]　<u>たって</u>[23]　います。

22 そと　1　化　2　北　3　外　4　引

23 たって　1　赤って　2　並って　3　丘って　4　立って

とい4　つめたい　<u>みずが</u>[24]　<u>のみたい</u>[25]。

24 みず　1　木　2　水　3　氷　4　永

25 のみたい　1　飲みたい　2　飲みたい　3　飯みたい　4　餃みたい

もんだいIII ＿＿＿の ところに なにを いれますか。1・2・3・4 から いちばん いい ものを ひとつ えらびなさい。

(れい) わたしは かばんが ＿＿＿。

1 べんりです　2 ほしいです　3 ぬるいです　4 わるいです

（かいとうようし）

(れい)	① ● ③ ④

26 せんしゅう、＿＿＿ えいがを みました。

1 おいしい　2 すずしい　3 いそがしい　4 おもしろい

27 ＿＿＿を ひいて、あたまが いたいです。

1 びょうき　2 くち　3 かぜ　4 おなか

28 「ゆうびんきょくは どこですか。」

「この みちを ＿＿＿ いって ください。すぐ そこですよ。」

1 まえに　2 ちょうど　3 はじめに　4 まっすぐ

29 わたしは うたが へたです。でも、うたは ＿＿＿。

1 すきです　2 じょうずです　3 じょうぶです　4 りっぱです

30 この りょうりは ＿＿＿です。

1 からい　2 くらい　3 さむい　4 みじかい

31 わからない ことは、わたしに ＿＿＿して ください。

1 しつもん　2 じゅぎょう　3 べんきょう　4 れんしゅう

32 この ＿＿＿で パンを きって ください。

1 カップ　2 スプーン　3 ナイフ　4 フォーク

33 なつやすみに　やまに　＿＿＿。

1 あけました　2 あげました　3 のりました　4 のぼりました

34 「とうきょうまでの　きっぷは　いくらですか。」

「＿＿＿は　200えんで、こどもは　100えんです。」

1 おとこ　2 おとな　3 おんな　4 おとうと

35 きのうは　あめでした。でんしゃに　かさを　＿＿＿、こまりました。

1 おいて　2 もって　3 ふって　4 わすれて

もんだいIV ＿＿＿**の　ぶんと　だいたい　おなじ　いみの　ぶんは　どれですか。1・2・3・4から　いちばん　いい　ものを　ひとつ　えらびなさい。**

（れい）　たなか「あの　ひとは　どなたですか。」

1　たなかさんは　あの　ひとの　いえが　わかりません。

2　たなかさんは　あの　ひとの　なまえが　わかりません。

3　たなかさんは　あの　ひとの　しごとが　わかりません。

4　たなかさんは　あの　ひとの　くにが　わかりません。

（かいとうようし）

（れい）	① ● ③ ④

36　わたしの　あねは　やまださんと　けっこんします。

1　あねは　やまださんの　いもうとに　なります。

2　あねは　やまださんの　おくさんに　なります。

3　あねは　やまださんの　おばさんに　なります。

4　あねは　やまださんの　ごしゅじんに　なります。

37　わたしの　うちには　ペットが　います。

1　わたしの　うちには　とりが　います。

2　わたしの　うちには　いしゃが　います。

3　わたしの　うちには　かぞくが　います。

4　わたしの　うちには　りょうしんが　います。

38　ヤンさんは　せが　たかいです。

1　ヤンさんは　かるいです。

2　ヤンさんは　つよいです。

3　ヤンさんは　わかいです。

4　ヤンさんは　おおきいです。

39 ここは　でぐちです。いりぐちは　あちらです。

1 あちらから　でて　ください。

2 あちらから　おりて　ください。

3 あちらから　はいって　ください。

4 あちらから　わたって　ください。

40 あさって　しごとを　やすみます。

1 あさって　しごとを　します。

2 あさって　しごとを　しません。

3 あさって　しごとが　おわります。

4 あさって　しごとが　おわりません。

問題用紙

(２００３)

４級 聴解

（100点 25分）

注意
Notes

1. 試験が始まるまで、この問題用紙を開けないでください。
Do not open this question booklet before the test begins.

2. この問題用紙を持って帰ることはできません。
Do not take this question booklet with you after the test.

3. 受験番号と名前を下の欄に、受験票と同じようにはっきりと書いてください。
Write your registration number and name clearly in each box below as written on your test voucher.

4. この問題用紙は、全部で11ページあります。
This question booklet has 11 pages.

5. もんだいⅠともんだいⅡは解答のしかたが違います。例をよく見て注意してください。
Answering methods for Part I and Part II are different. Please study the examples carefully and mark correctly.

6. この問題用紙にメモをとってもいいです。
You may make notes in this question booklet.

受験番号 Examinee Registration Number	

名前 Name	

もんだい I

れい 1

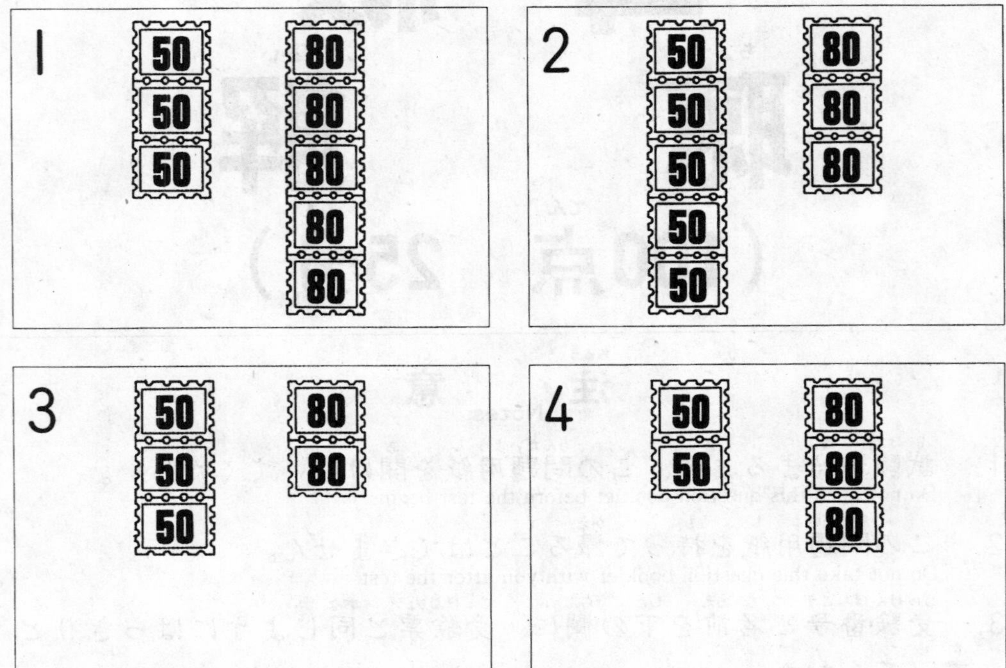

れい2

1. きのうまで

2. きょうまで

3. あしたまで

4. あさってまで

1 ばん

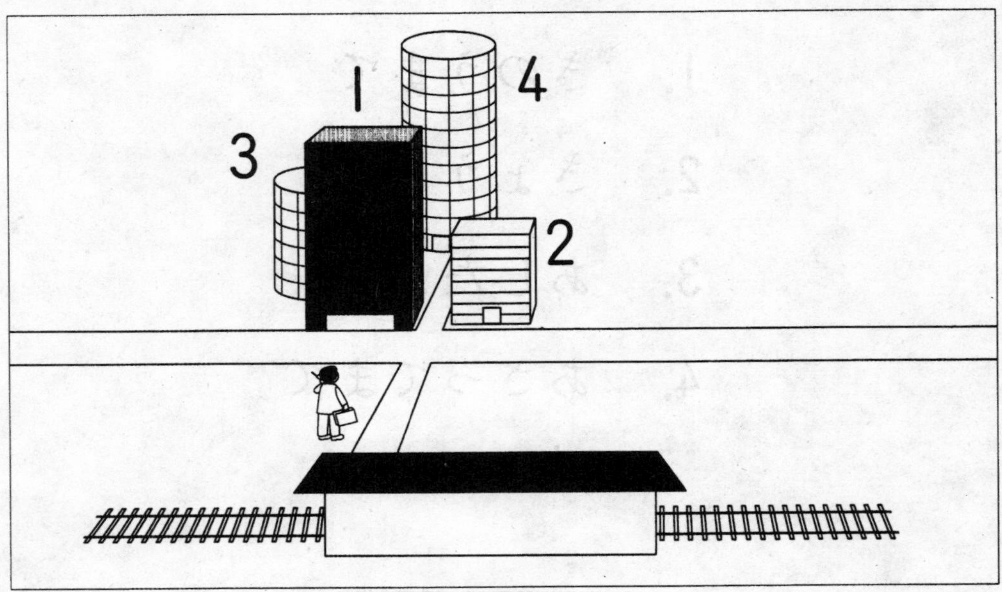

2 ばん

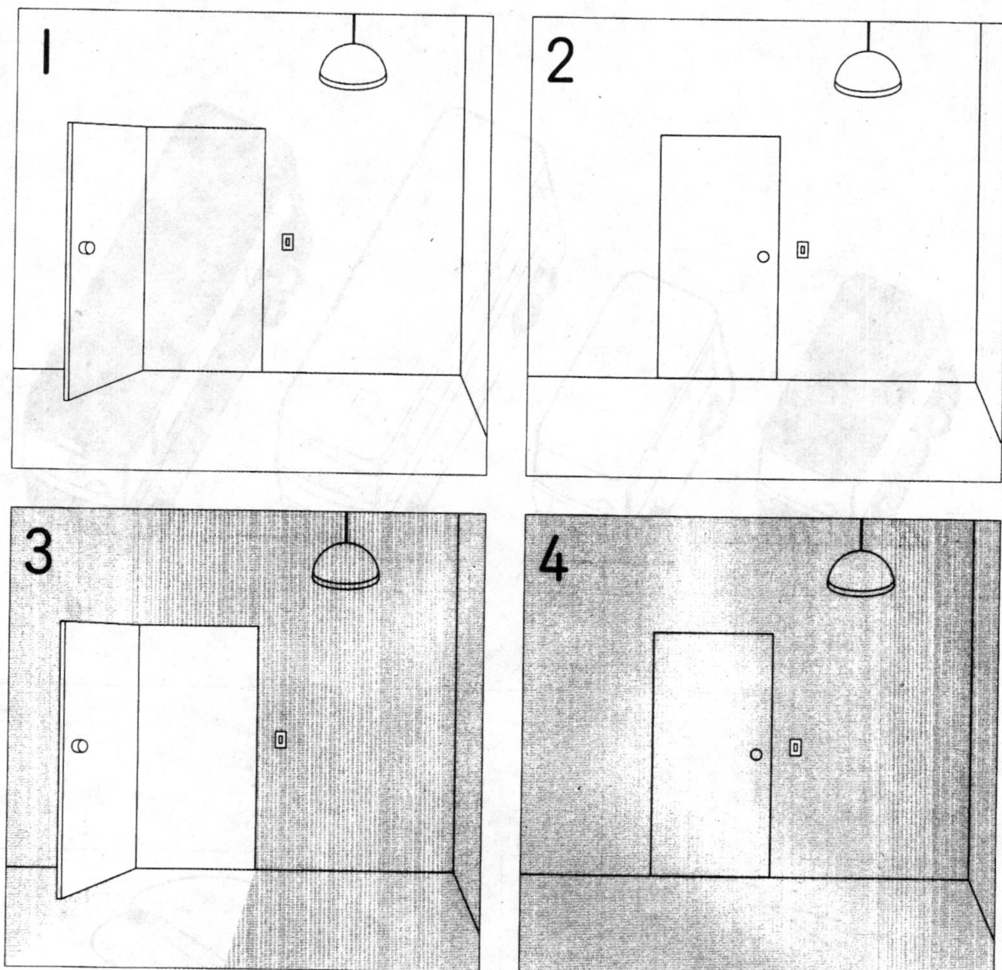

3 ばん

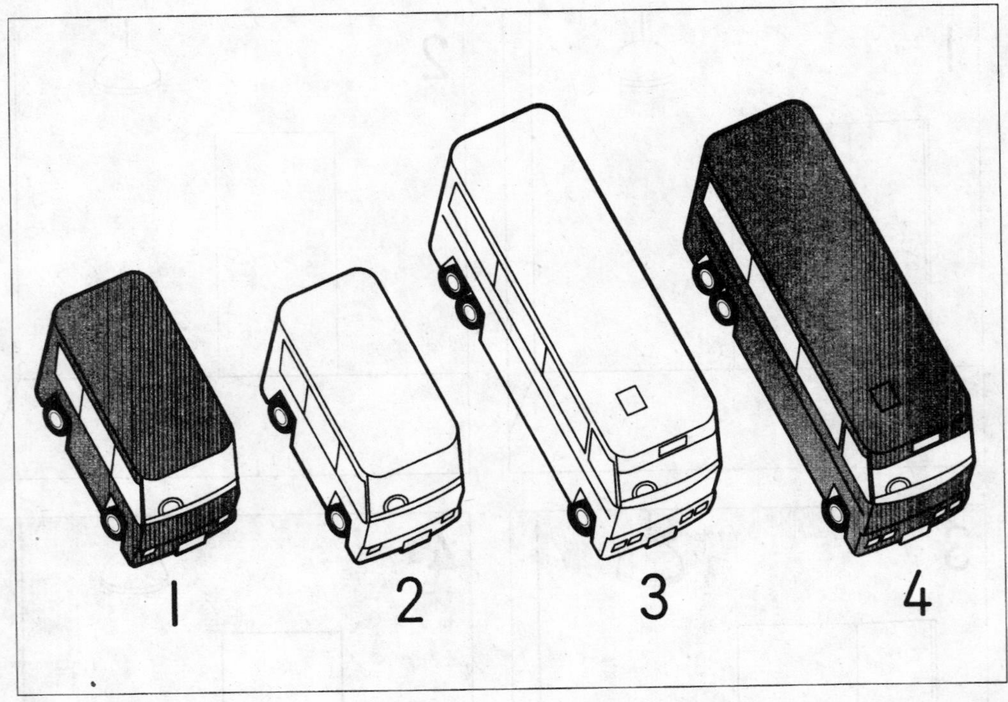

4 ばん

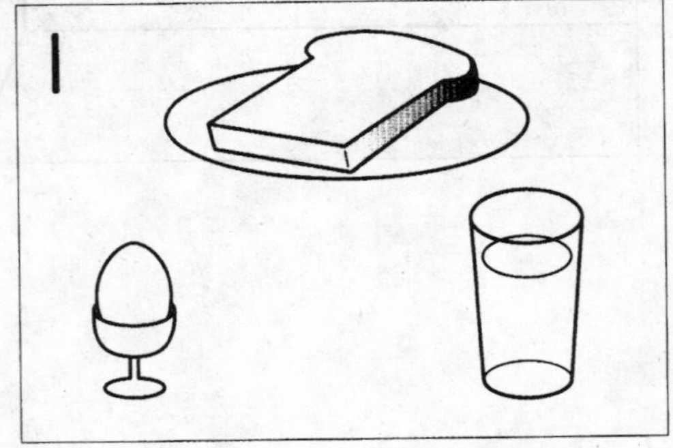

5 ばん

1. 7月(がつ)4日(か)
2. 7月(がつ)8日(か)
3. 1月(がつ)4日(か)
4. 1月(がつ)8日(か)

6 ばん

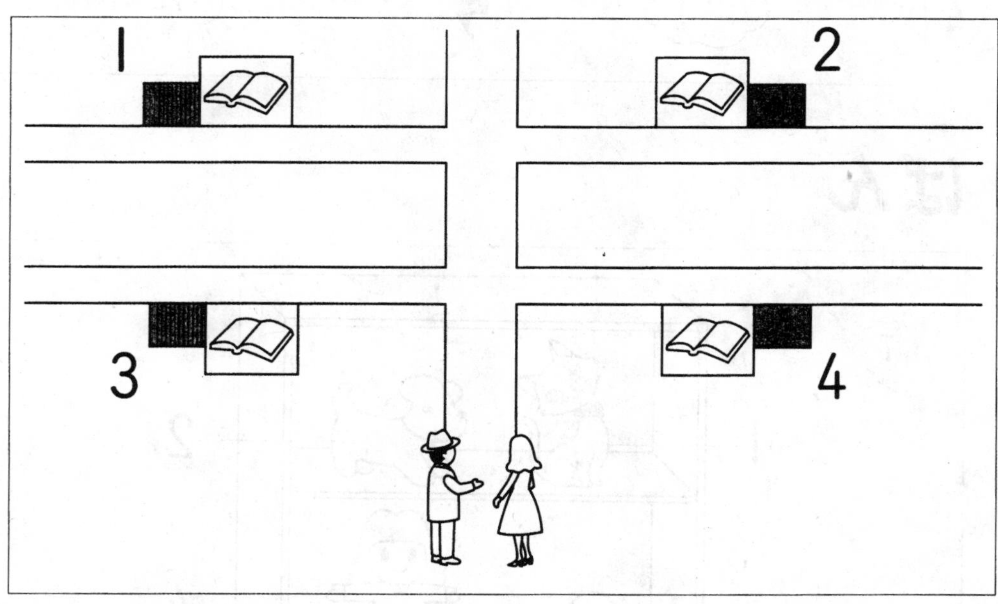

7 ばん

8 ばん

9 ばん

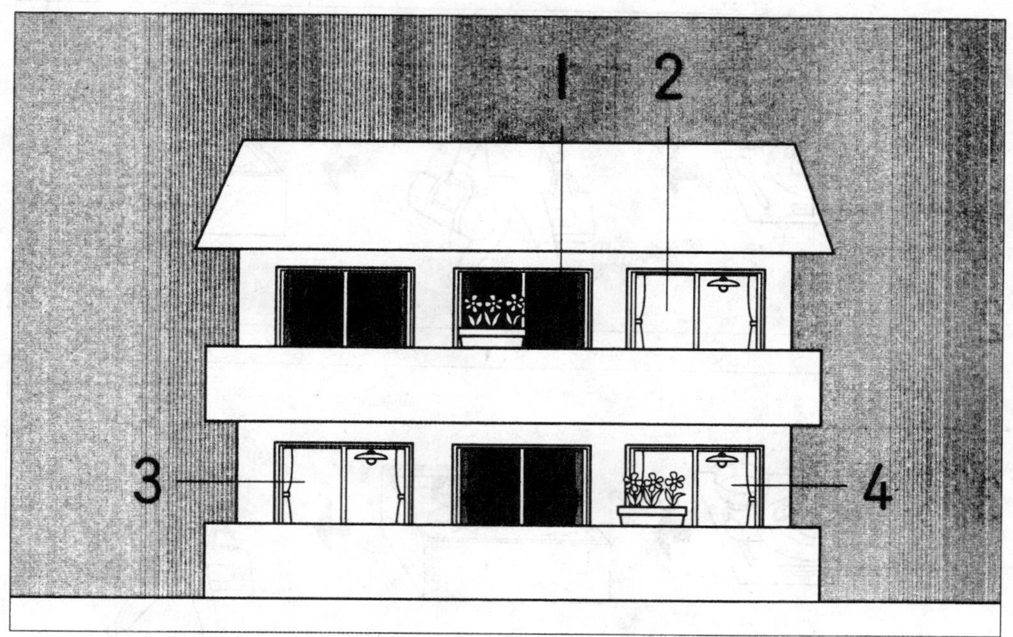

10 ばん

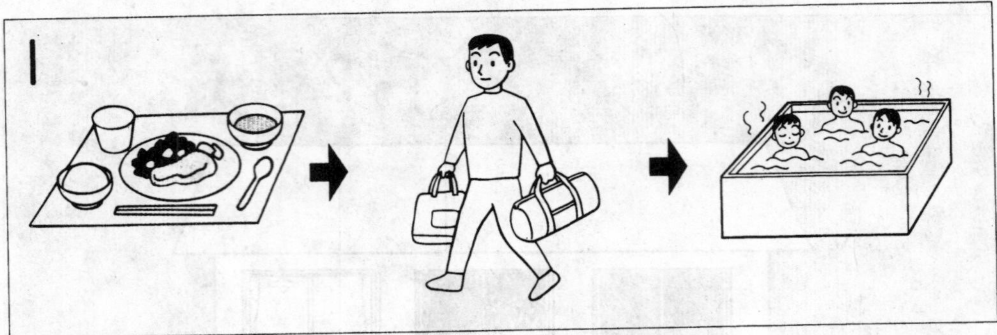

11 ばん

もんだいII　えなどは　ありません。

れい

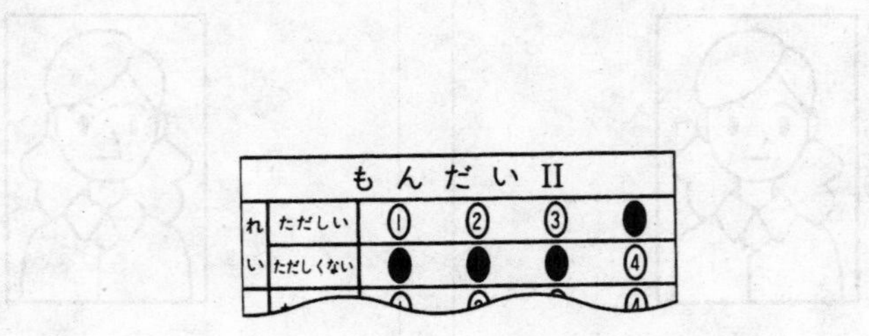

もんだいII					
れい	ただしい	①	②	③	●
	ただしくない	●	●	●	④

この　ページは　メモに　つかっても　いいです。

問題用紙

(２００３)

４級
読解・文法
(200点　50分)

注意
Notes

1. 試験が始まるまで、この問題用紙を開けないでください。
Do not open this question booklet before the test begins.

2. この問題用紙を持って帰ることはできません。
Do not take this question booklet with you after the test.

3. 受験番号と名前を下の欄に、受験票と同じようにはっきりと書いてください。
Write your registration number and name clearly in each box below as written on your test voucher.

4. この問題用紙は10ページあります。
This question booklet has 10 pages.

5. 問題には解答番号の 1 、 2 、 3 … が付いています。解答は、解答用紙にある同じ番号の解答欄にマークしなさい。
One of the row numbers 1, 2, 3 … is given for each question. Mark your answer in the same row of the answer sheet.

受験番号 Examinee Registration Number	
名前 Name	

もんだいI ＿＿＿の ところに 何を 入れますか。1・2・3・4から いちばん いい ものを 一つ えらびなさい。

(れい) これ＿＿＿ えんぴつです。

1 に　　2 を　　3 は　　4 や

(かいとうようし)

(れい)	① ② ● ④

1 わたしは ときどき としょかん＿＿＿ べんきょうします。

1 に　　2 で　　3 へ　　4 が

2 パーティーで、だれ＿＿＿ ギターを ひきましたか。

1 を　　2 も　　3 は　　4 が

3 友だち＿＿＿ いっしょに えいがを 見ました。

1 に　　2 へ　　3 で　　4 と

4 母は 1か月＿＿＿ 1かい びょういんへ 行きます。

1 も　　2 と　　3 に　　4 へ

5 けさは 何＿＿＿ 食べましたか。

1 が　　2 か　　3 に　　4 も

6 わたしは かぞく＿＿＿ てがみを もらいました。

1 を　　2 が　　3 や　　4 から

7 テニスを しました。それから、ピンポン＿＿＿ しました。

1 は　　2 が　　3 も　　4 と

8 つよい　かぜで　電車(でんしゃ)＿＿＿　とまりました。

1 が　　2 と　　3 を　　4 へ

9 父(ちち)に　電話(でんわ)を　しました。でも　友(とも)だちに＿＿＿　しませんでした。

1 は　　2 も　　3 へ　　4 で

10 かばんの　中(なか)に　さいふや　かぎ＿＿＿が　あります。

1 や　　2 も　　3 など　　4 から

11 この　みかんは　ぜんぶ＿＿＿　いくらですか。

1 を　　2 の　　3 で　　4 に

12 おとうとは　いしゃ＿＿＿　なりました。

1 を　　2 に　　3 で　　4 の

13 へや＿＿＿　電気(でんき)を　けして　ください。

1 に　　2 へ　　3 と　　4 の

14 日本語(にほんご)＿＿＿　話(はな)しましょう。

1 へ　　2 で　　3 と　　4 に

15 30分(ぷん)＿＿＿　まちましたが、バスは　来(き)ませんでした。

1 ごろ　　2 など　　3 しか　　4 ぐらい

もんだいII ＿＿＿の ところに 何（なに）を 入（い）れますか。1・2・3・4から いちばん いい ものを 一（ひと）つ えらびなさい。

16 先生（せんせい）は げんき＿＿＿ おもしろい 人（ひと）です。

1 に　　2 で　　3 だ　　4 や

17 きのうは 天気（てんき）が ＿＿＿。

1 いいでした　　2 よかったです

3 いかったです　　4 よかったでした

18 わたしは コーヒーに さとうを ＿＿＿ 飲（の）みます。

1 入（い）れない　　2 入れなく　　3 入れないで　　4 入れなくて

19 すみません、ちょっと ＿＿＿ ください。

1 まち　　2 まって　　3 まった　　4 またない

20 これは 先週（せんしゅう） 友（とも）だちの いえで ＿＿＿ しゃしんです。

1 とる　　2 とるの　　3 とった　　4 とります

21 きのうの よるは 6時（じ）に ＿＿＿、ごはんを つくりました。

1 かえる　　2 かえった　　3 かえって　　4 かえったり

22 いっしょに ＿＿＿ましょう。

1 うたい　　2 うたう　　3 うたって　　4 うたいて

23 あしたは ＿＿＿から、あそびに 行（い）きませんか。

1 ひま　　2 ひまな　　3 ひまの　　4 ひまだ

24 じしょを ＿＿＿、こまりました。

1 わすれて　　2 わすれた　　3 わすれる　　4 わすれないで

25 スポーツは ＿＿＿ ありません。

1 すきく　2 すきに　3 すきには　4 すきでは

26 ドアが ＿＿＿。

1 しめます　2 しめて います

3 しまって います　4 しまって あります

27 すずきさんは きのう、たぶん うちに ＿＿＿でしょう。

1 いた　2 いて　3 いる　4 います

28 ＿＿＿ とき、つめたい コーヒーを 飲(の)みます。

1 あつい　2 あついの

3 あついだ　4 あついかった

29 わたしは いつも シャワーを ＿＿＿から ねます。

1 あびる　2 あびた　3 あびて　4 あびます

30 山川(やまかわ)さんと ＿＿＿ながら、ごはんを 食(た)べました。

1 話(はな)す　2 話し　3 話して　4 話した

もんだいIII ＿＿＿の　ところに　何(なに)を　入(い)れますか。1・2・3・4から　いちばん　いい　ものを　一(ひと)つ　えらびなさい。

31 きのうは　＿＿＿　さむく　ありませんでした。

1 よく　　2 とても　　3 あまり　　4 たくさん

32 パーティーは　まだ　＿＿＿。

1 はじまります　　2 はじまりません

3 はじまりました　　4 はじまっています

33 ＿＿＿　おんがくを　聞(き)きますか。

1 どこ　　2 どれ　　3 どちら　　4 どんな

34 ＿＿＿　レストランは　古(ふる)いです。

1 あの　　2 あれ　　3 あちら　　4 あそこ

35 けさ　7時(じ)＿＿＿　おきました。

1 ごろ　　2 など　　3 まで　　4 ぐらい

36 この　へやには　いすが　一(ひと)つしか　＿＿＿。

1 います　　2 いません　　3 あります　　4 ありません

もんだいIV　どの　こたえが　いちばん　いいですか。1・2・3・4から いちばん　いい　ものを　一つ（ひとつ）　えらびなさい。

37 A「はじめまして。どうぞ　よろしく　おねがいします。」

B「＿＿＿＿＿＿。」

1 こちらこそ　　2 おかげさまで

3 ごめんなさい　　4 ごめんください

38 A「きょうは　これで　＿＿＿＿＿＿。ありがとうございました。」

B「そうですか。じゃあ、また　来（き）て　くださいね。」

1 こんにちは　　2 はじめまして

3 しつれいします　　4 しつれいしました

39 A「マリーさんの　かさは　どれですか。」

B「あれです。＿＿＿＿＿＿。」

1 あれは　かさです　　2 あの　あおいのです

3 あれは　マリーさんです　　4 あの　かさは　あおいです

40 A「先週（せんしゅう）の　にちようびに　どこかへ　行（い）きましたか。」

B「いいえ、雨（あめ）が　ふったから、＿＿＿＿＿＿。」

1 どこかへ　行きました

2 どこへも　行きました

3 どこかへ　行きませんでした

4 どこへも　行きませんでした

もんだいV　つぎの ぶんを 読んで　しつもんに　こたえなさい。

こたえは　1・2・3・4から　いちばん　いい　ものを

一つ　えらびなさい。

パク　「すみません、あの　上に　ある　本を　見たいです。

（　**41**　）。」

店の人「はい、わかりました。（　**42**　）。」

パク　「あれです。あの　『にほんご』と　書いて　ある　本です。」

店の人「これですか。」

パク　「いいえ、かんじ　じゃなくて　ひらがなで　『にほんご』と

書いて　ある　本です。」

店の人「ああ、これですか。」

パク　「はい、それです。それは　いくらですか。」

店の人「3000円です。」

パク　「3000円ですか。ちょっと　高いですね。（　**43**　）。

すみません。」

店の人「いいえ。また　どうぞ。」

(1)　**41**から　**43**には　何を　入れますか。

41　1　とりますか

2　とりましょうか

3　とって　いますか

4　とって　くださいませんか

42 1 どの　本(ほん)ですか

2 どれが　本ですか

3 これは　本ですか

4 この　本は　ありませんか

43 1 じゃ、それです

2 じゃ、いいです

3 じゃ、それに　します

4 じゃ、そう　しましょう

(2) ただしい　ものは　どれですか。 **44**

1 パクさんは　高(たか)い　本が　なかったから、買(か)いませんでした。

2 パクさんは　『日本語(にほんご)』と　書(か)いて　ある　本を　買いました。

3 パクさんは　買いたい　本が　高かったから、買いませんでした。

4 パクさんは　『にほんご』と　書いて　ある　本を　買いました。

もんだいVI　つぎの　ぶんを　読んで、しつもんに　こたえなさい。こたえは　1・2・3・4から　いちばん　いい　ものを　一つ　えらびなさい。

45 いしゃ「かぜですね。くすりを　出しますから、きょうから　3日　飲んで　ください。あさ、ひる、ばんの　ごはんの　後と　よる　ねる　前に　飲んで　ください。」

【しつもん】　ただしい　ものは　どれですか。

1　くすりは　3日　飲みます。1日　3かい　ごはんの　前に　飲みます。

2　くすりは　3日　飲みます。1日　3かい　ごはんの　後で　飲みます。

3　くすりは　1日　4かい、ごはんの　前と　よる　ねる　前に　飲みます。

4　くすりは　1日　4かい、ごはんの　後と　よる　ねる　前に　飲みます。

46 わたしは　きょねんの　10月に　日本へ　来ました。今、とうきょうの アパートに　ひとりで　すんで　います。へやは　ひろいですが、駅から とおいから　べんりじゃ　ありません。もっと　駅に　ちかい　へやに すみたいです。でも、駅に　ちかい　へやは　高いです。

【しつもん】　ただしい　ものは　どれですか。

1　わたしの　へやは　駅から　とおいですが、ひろいです。

2　わたしの　へやは　駅に　ちかいですが、少し　高いです。

3　わたしの　へやは　駅に　ちかいですが、ひろくありません。

4　わたしの　へやは　駅から　少し　とおいですが、べんりです。

47 この　たてものの　中では　しずかに　えを　見て　ください。
しゃしんを　とらないで　ください。たばこも　こまります。
たばこは　外で　すって　ください。
えを　見ながら　食べたり　飲んだり　しないで　ください。

【しつもん】　あなたは　この　たてものの　中で　何を　しますか。

1　えを　見ます。

2　たばこを　すいます。

3　ごはんを　食べます。

4　しゃしんを　とります。

4 きゅう へいせい15ねんど　にほんごのうりょくしけん　かいとうようし(もじ・ごい)

じゅけんばんごう Examinee Registration Number		なまえ Name	

あなたのじゅけんひょうとおなじかどうか、たしかめてください。
Check up on your Test Voucher.

〈 ちゅうい Notes 〉

1. くろいえんぴつ（HB、No.2）でかいてください。
Use a black medium soft (HB or No.2) pencil.
2. かきなおすときは、けしゴムできれいにけしてください。
Erase any unintended marks completely.
3. きたなくしたり、おったりしないでください。
Do not soil or bend this sheet.
4. マークれい Marking examples

よい Correct	わるい Incorrect
●	⊗ ○ ◯ ◉ ⊖ ⦶ ◐

かいとうばんごう	かいとうらん Answer 1	2	3	4
1	①	②	③	④
2	①	②	③	④
3	①	②	③	④
4	①	②	③	④
5	①	②	③	④
6	①	②	③	④
7	①	②	③	④
8	①	②	③	④
9	①	②	③	④
10	①	②	③	④
11	①	②	③	④
12	①	②	③	④
13	①	②	③	④
14	①	②	③	④
15	①	②	③	④
16	①	②	③	④
17	①	②	③	④
18	①	②	③	④
19	①	②	③	④
20	①	②	③	④
21	①	②	③	④
22	①	②	③	④
23	①	②	③	④
24	①	②	③	④
25	①	②	③	④

かいとうばんごう	かいとうらん Answer 1	2	3	4
26	①	②	③	④
27	①	②	③	④
28	①	②	③	④
29	①	②	③	④
30	①	②	③	④
31	①	②	③	④
32	①	②	③	④
33	①	②	③	④
34	①	②	③	④
35	①	②	③	④
36	①	②	③	④
37	①	②	③	④
38	①	②	③	④
39	①	②	③	④
40	①	②	③	④

4 きゅう へいせい15ねんど　にほんごのうりょくしけん　かいとうようし(ちょうかい)

じゅけんばんごう Examinee Registration Number	

なまえ Name	

あなたのじゅけんひょうとおなじかどうか、たしかめてください。
Check up on your Test Voucher.

〈 ちゅうい　Notes 〉

1. くろいえんぴつ（HB、No. 2）でかいてください。
   Use a black medium soft (HB or No.2) pencil.
2. かきなおすときは、けしゴムできれいにけしてください。
   Erase any unintended marks completely.
3. きたなくしたり、おったりしないでください。
   Do not soil or bend this sheet.
4. マークれい　Marking examples

よい Correct	わるい Incorrect
●	⊗ ○ O ◐ ⊖ ◑ ◐

もんだい Ⅰ

かいとうばんごう	かいとうらん Answer 1	2	3	4
れい1	●	②	③	④
れい2	①	②	●	④
1	①	②	③	④
2	①	②	③	④
3	①	②	③	④
4	①	②	③	④
5	①	②	③	④
6	①	②	③	④
7	①	②	③	④
8	①	②	③	④
9	①	②	③	④
10	①	②	③	④
11	①	②	③	④

もんだい Ⅱ

かいとうばんごう		かいとうらん Answer 1	2	3	4
れい	ただしい	①	②	③	●
	ただしくない	●	●	●	④
1	ただしい	①	②	③	④
	ただしくない	①	②	③	④
2	ただしい	①	②	③	④
	ただしくない	①	②	③	④
3	ただしい	①	②	③	④
	ただしくない	①	②	③	④
4	ただしい	①	②	③	④
	ただしくない	①	②	③	④
5	ただしい	①	②	③	④
	ただしくない	①	②	③	④
6	ただしい	①	②	③	④
	ただしくない	①	②	③	④
7	ただしい	①	②	③	④
	ただしくない	①	②	③	④
8	ただしい	①	②	③	④
	ただしくない	①	②	③	④
9	ただしい	①	②	③	④
	ただしくない	①	②	③	④
10	ただしい	①	②	③	④
	ただしくない	①	②	③	④

4 きゅう へいせい15ねんど　にほんごのうりょくしけん　かいとうようし(どっかい・ぶんぽう)

じゅけんばんごう Examinee Registration Number		なまえ Name	

あなたのじゅけんひょうとおなじかどうか、たしかめてください。
Check up on your Test Voucher.

〈 ちゅうい　Notes 〉

1. くろいえんぴつ（HB、No. 2）でかいてください。
Use a black medium soft (HB or No.2) pencil.
2. かきなおすときは、けしゴムできれいにけしてください。
Erase any unintended marks completely.
3. きたなくしたり、おったりしないでください。
Do not soil or bend this sheet.
4. マークれい　Marking examples

よい Correct	わるい Incorrect
●	⊘ ◌ ○ ◉ ⊕ ◐ ◑

かいとうばんごう	かいとうらん Answer 1	2	3	4
1	①	②	③	④
2	①	②	③	④
3	①	②	③	④
4	①	②	③	④
5	①	②	③	④
6	①	②	③	④
7	①	②	③	④
8	①	②	③	④
9	①	②	③	④
10	①	②	③	④
11	①	②	③	④
12	①	②	③	④
13	①	②	③	④
14	①	②	③	④
15	①	②	③	④
16	①	②	③	④
17	①	②	③	④
18	①	②	③	④
19	①	②	③	④
20	①	②	③	④
21	①	②	③	④
22	①	②	③	④
23	①	②	③	④
24	①	②	③	④
25	①	②	③	④

かいとうばんごう	かいとうらん Answer 1	2	3	4
26	①	②	③	④
27	①	②	③	④
28	①	②	③	④
29	①	②	③	④
30	①	②	③	④
31	①	②	③	④
32	①	②	③	④
33	①	②	③	④
34	①	②	③	④
35	①	②	③	④
36	①	②	③	④
37	①	②	③	④
38	①	②	③	④
39	①	②	③	④
40	①	②	③	④
41	①	②	③	④
42	①	②	③	④
43	①	②	③	④
44	①	②	③	④
45	①	②	③	④
46	①	②	③	④
47	①	②	③	④

問題用紙

（2002）

4 級
文字・語彙
（100点　25分）

注　意
Notes

1. 試験が始まるまで、この問題用紙を開けないでください。
Do not open this question booklet before the test begins.

2. この問題用紙を持って帰ることはできません。
You are not allowed to keep this question booklet after the test has finished.

3. 受験番号と名前をしたの欄に、受験票と同じようにはっきりと書いてください。
Write your registration number and name clearly in each box below. Make sure that the registration number and the name on the question booklet correspond to those on the Test Voucher.

4. この問題用紙は、P.1～P.7 まであります。
This question booklet contains 7 pages.

受験番号　Examinee Registration Number	

名前　Name	

もんだいⅠ ＿＿＿の ことばは どう よみますか。1・2・3・4から いちばん いい ものを ひとつ えらびなさい。

(れい) きのう 友だちに あいました。

友だち　1 とぬだち　2 とのだち　3 とむだち　4 ともだち

(かいとうようし) | **(れい)** | ① ② ③ ● |

とい1 八日(1)から 十日(2)まで 父(3)と りょこうしました。

(1) 八日　1 はちか　2 はつか　3 ようか　4 よっか

(2) 十日　1 じゅうか　2 じゅうにち　3 とおか　4 とおにち

(3) 父　1 あに　2 はは　3 おじ　4 ちち

とい2 西(1)の 空(2)が あかく なりました。

(1) 西　1 ひがし　2 にし　3 はる　4 なつ

(2) 空　1 そら　2 あき　3 から　4 くう

とい3 たなかさんは 一週間(1) 会社(2)を 休んで(3) います。

(1) 一週間　1 いしゅかん　2 いしゅうかん　3 いっしゅかん　4 いっしゅうかん

(2) 会社　1 かいしゃ　2 がいしゃ　3 かいっしゃ　4 がいっしゃ

(3) 休んで　1 あそんで　2 やすんで　3 すんで　4 たのんで

とい4 その 女の子(1)は 外国(2)で 生まれました(3)。

(1) 女の子　1 おなのこ　2 おなのこう　3 おんなのこ　4 おんなのこう

(2) 外国　1 かいこく　2 がいこく　3 かいごく　4 がいごく

(3) 生まれました　1 うまれました　2 おまれました　3 ゆまれました　4 よまれました

とい5　レストランで　千円(1)の　魚(2)りょうりを　たべました。

(1) 千円　　1 せえん　　2 せねん　　3 せんえん　　4 せんねん

(2) 魚　　1 さかな　　2 たまご　　3 にく　　4 やさい

とい6　午前中(1)から　耳(2)が　いたい。

(1) 午前中　　1 ごぜんしゅう　　2 ごぜんちゅう

3 ごぜんじゅう　　4 ごぜんぢゅう

(2) 耳　　1 あし　　2 あたま　　3 め　　4 みみ

もんだいII　＿＿＿の　ことばは　どう　かきますか。1・2・3・4から　いちばん　いい　ものを　ひとつ　えらびなさい。

(れい)　にほんごの　ことばを　ここのつ　おぼえました。

にほんご　1 日本話　2 日本語　3 日本誌　4 日本詔

（かいとうようし）　| **(れい)** | ①　●　③　④ |

とい1　たかい(1)　やま(2)の　うえ(3)から　がっこう(4)が　みえます。

(1) たかい　1 古い　2 高い　3 長い　4 重い

(2) やま　1 川　2 土　3 山　4 田

(3) うえ　1 上　2 下　3 止　4 午

(4) がっこう　1 学校　2 学校　3 学校　4 学校

とい2　ばす(1)と　たくしー(2)の　どっちが　はやいですか。

(1) ばす　1 ベス　2 バス　3 ベマ　4 バマ

(2) たくしー　1 タクシー　2 タクツー　3 タワシー　4 タワツー

とい3　その　みせ(1)の　かどを　ひだり(2)に　まがって　ください。

(1) みせ　1 庄　2 床　3 店　4 店

(2) ひだり　1 石　2 右　3 左　4 左

とい4　まちの　みなみ(1)がわは　みどりが　おおい(2)。

(1) みなみ　1 南　2 南　3 南　4 南

(2) おおい　1 大い　2 太い　3 広い　4 多い

もんだいIII　＿＿＿の　ところの　ことばは　なにが　いいですか。
1・2・3・4から　いちばん　いい　ものを　ひとつ
えらびなさい。

(れい)　とりが　たくさん　うみの　うえを　＿＿＿　います。

1 とんで　　2 はしって　　3 のぼって　　4 さんぽして

（かいとうようし）

(れい)	● ② ③ ④

(1) わたしは　あたらしい　かばんが　＿＿＿。

1 べんりです　2 ほしいです　3 やすいです　4 わるいです

(2) ここでは　＿＿＿　くにの　ひとが　はたらいて　います。

1 いろいろな　2 すくない　3 もっと　4 たいへんな

(3) あの　＿＿＿を　かぶって　いる　ひとが　たなかさんです。

1 くつした　2 とけい　3 ぼうし　4 めがね

(4) わたしは　コーヒーに　さとうを　＿＿＿　のみます。

1 いれて　2 いって　3 はいて　4 はいって

(5) きょうは　ざっしを　＿＿＿　よみました。

1 10キロ　2 10メートル　3 10グラム　4 10ページ

(6) 1じに　なりました。＿＿＿　テストを　はじめます。

1 でも　2 しかし　3 どうも　4 それでは

(7) 「わたしが　そうじを　しましょうか。」
「ええ。＿＿＿。」

1 おねがいします　　2 いただきます
3 しつれいします　　4 どういたしまして

(8)　「やまもとさん、＿＿＿は　スミスさんです。」

「はじめまして。」

1　これ　　2　だれ　　3　こちら　　4　どちら

(9)　「この　カメラは　あなたのですか。」

「いいえ、＿＿＿。」

1　あります　　2　ありません　　3　ちがいます　　4　ちがいません

(10)　きょうは　とても　つかれました。いえに　かえって　＿＿＿　ねます。

1　ほんとう　　2　すぐに　　3　たぶん　　4　ちょうど

もんだいⅣ　＿＿＿の　ぶんと　だいたい　おなじ　いみの　ぶんは　どれですか。１・２・３・４から　いちばん　いい　ものを　ひとつ　えらびなさい。

（れい）　おてあらいは　あちらです。

1　トイレは　あちらに　あります。

2　プールは　あちらに　あります。

3　ホテルは　あちらに　あります。

4　デパートは　あちらに　あります。

（かいとうようし）

（れい）	● ② ③ ④

(1)　わたしの　くにの　ふゆは、あまり　さむく　ありません。

1　わたしの　くにの　ふゆは、とても　あついです。

2　わたしの　くにの　ふゆは、すこし　あついです。

3　わたしの　くにの　ふゆは、とても　さむいです。

4　わたしの　くにの　ふゆは、すこし　さむいです。

(2)　おととい　としょかんに　いきました。

1　ごはんを　たべました。

2　スポーツを　しました。

3　ほんを　かりました。

4　かいものを　しました。

(3)　にちようびの　こうえんは　にぎやかです。

1　にちようびの　こうえんは　きれいです。

2　にちようびの　こうえんは　しずかです。

3　にちようびの　こうえんは　ひとが　すくないです。

4　にちようびの　こうえんは　ひとが　おおぜい　います。

(4) いつも 7じに いえを でて、しごとに いきます。

1 まいにち 7じに でかけます。

2 ときどき 7じに でかけます。

3 まいにち 7じに つきます。

4 ときどき 7じに つきます。

(5) この たてものは ぎんこうです。

1 ここで はなを かいます。

2 ここで おかねを だします。

3 ここで おちゃを のみます。

4 ここで でんわを かけます。

問題用紙

（２００２）

４　級
聴　解
（100点　25分）

注　意
Notes

1. 試験が始まるまで、この問題用紙を開けないでください。
Do not open this question booklet before the test begins.

2. この問題用紙を持って帰ることはできません。
You are not allowed to keep this question booklet after the test has finished.

3. 受験番号と名前を下の欄に、受験票と同じようにはっきりと書いてください。
Write your registration number and name clearly in each box below. Make sure that the registration number and the name on the question booklet correspond to those on the Test Voucher.

4. この問題用紙は、全部で12ページあります。
This question booklet contains 12 pages.

5. もんだいⅠともんだいⅡは解答のしかたが違います。例をよく見て注意してください。
Note that different methods are required to answer Part I and Part II. Please take care to study the examples carefully.

6. この問題用紙にメモをとってもいいです。
If you wish, you may make notes in the question booklet.

受験番号　Examinee Registration Number	

名前　Name	

もんだい I

れい 1

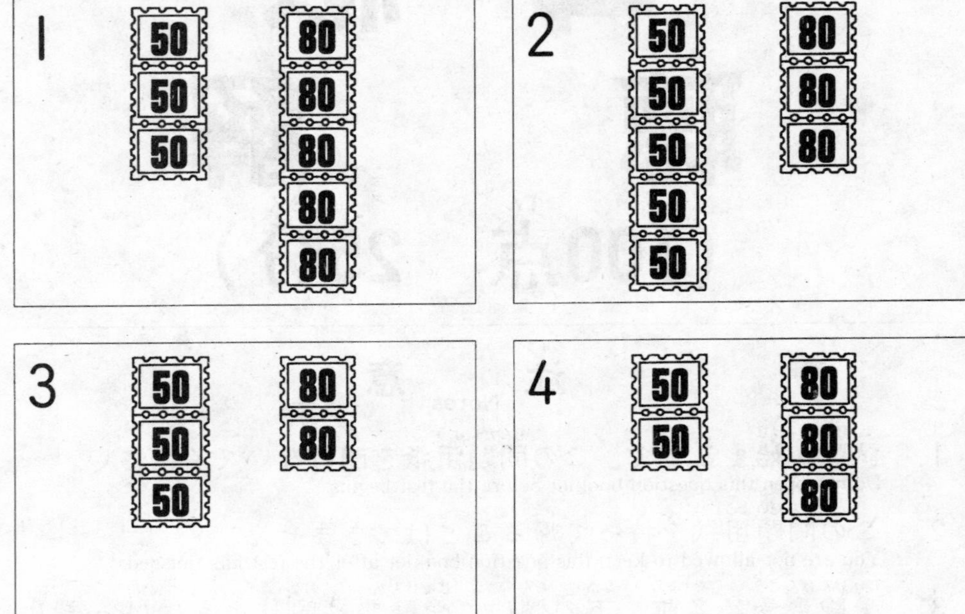
1
50
50
50
80
80
80
80
80
2
50
50
50
50
50
80
80
80
3
50
50
50
80
80
4
50
50
80
80
80

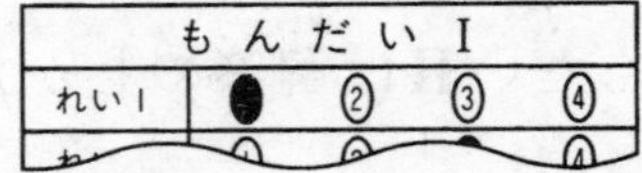
もんだい I
れい 1
②
③
④

れい 2

1. きのうまで

2. きょうまで

3. あしたまで

4. あさってまで

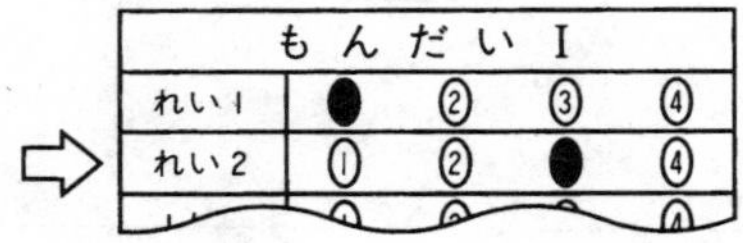

1 ばん

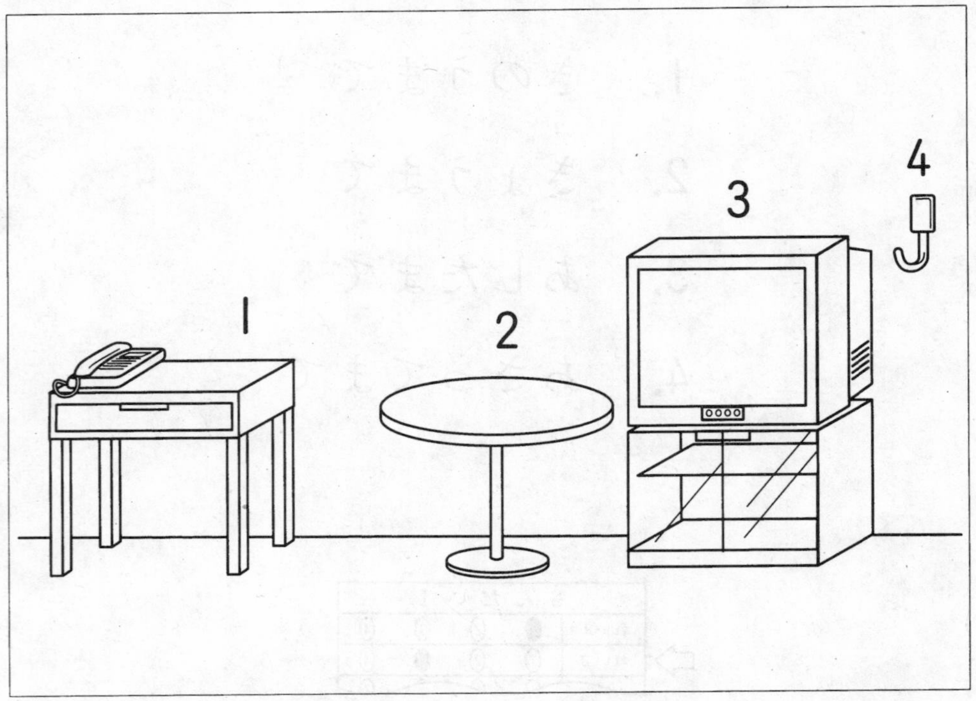

2 ばん

1

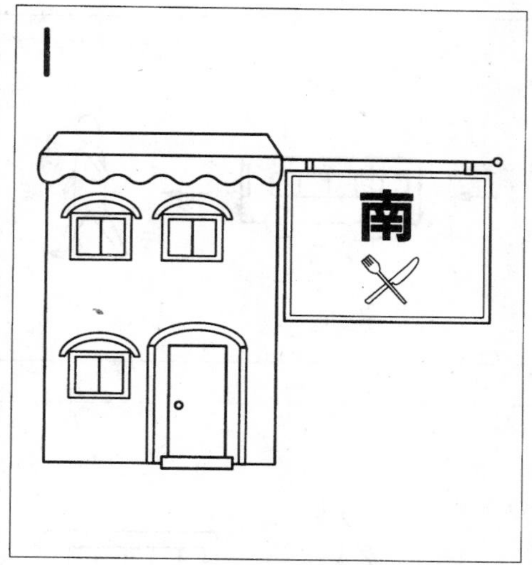

2

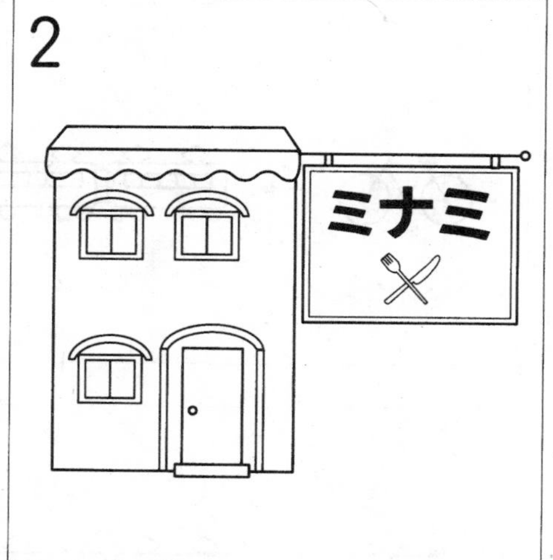

3

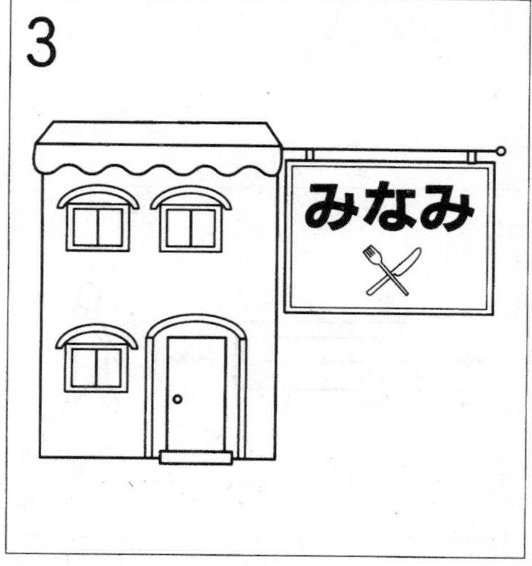

4

3 ばん

1

2

3

4

4 ばん

5 ばん

1. 4じ
2. 4じ 15 ふん
3. 4じ 30 ぷん
4. 4じ 45 ふん

6 ばん

1

2

3

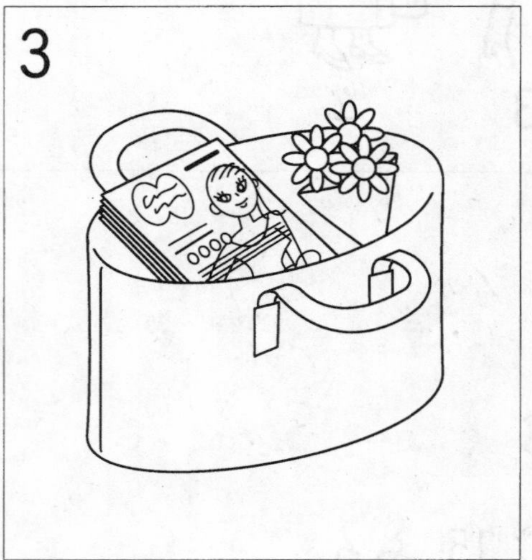

4

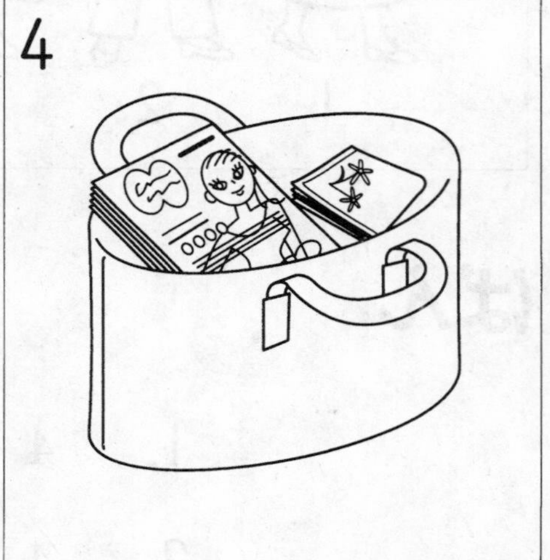

7 ばん

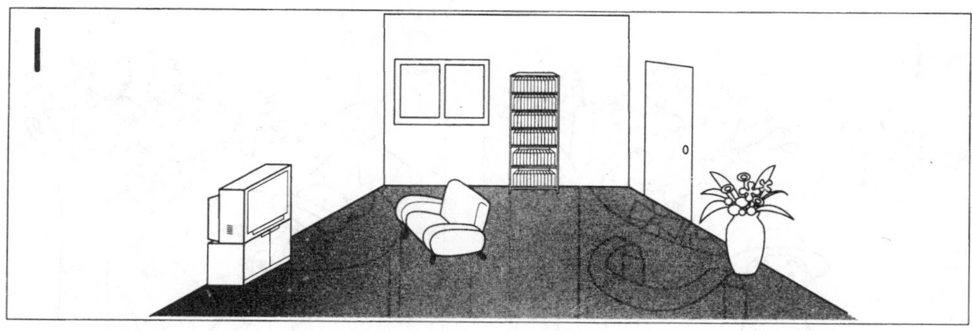

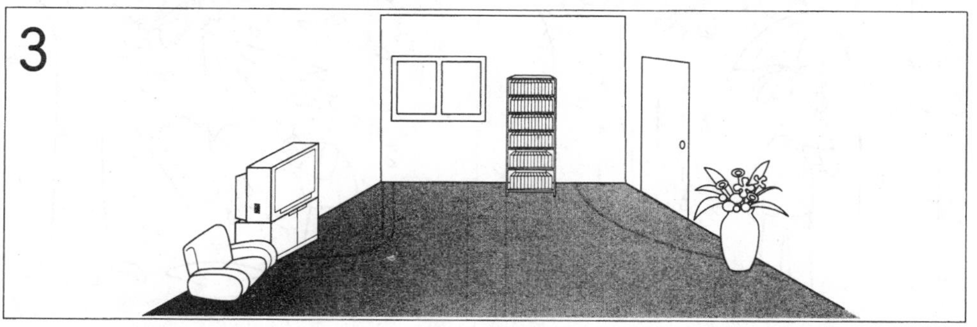

8 ばん

9 ばん

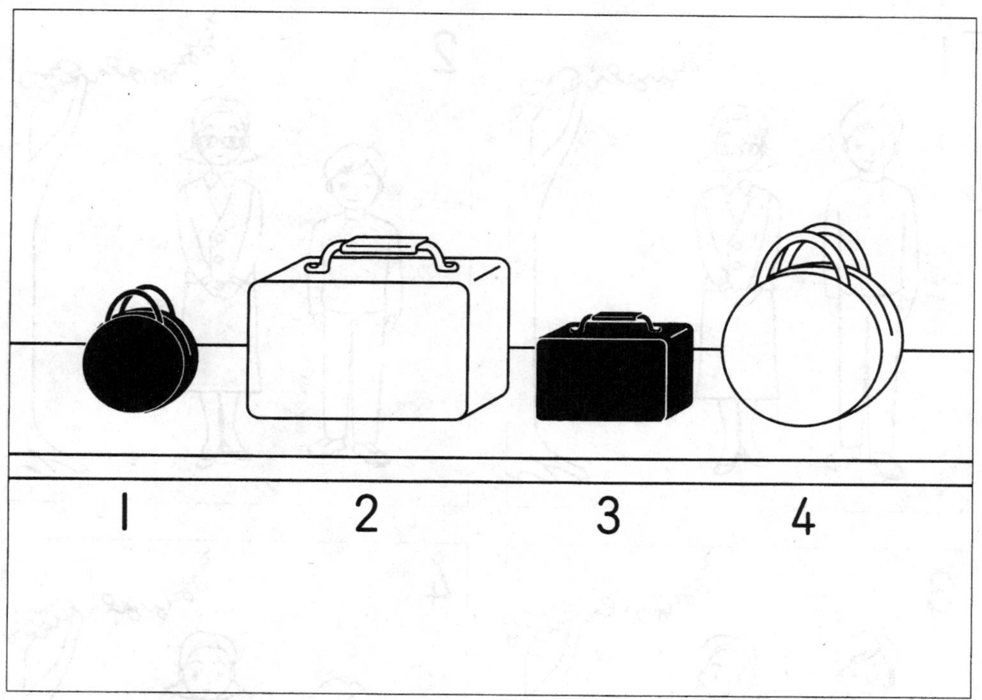

10 ばん

もんだいII　えなどは　ありません。

れい

もんだいII					
れ	ただしい	①	②	③	●
い	ただしくない	●	●	●	④

この　ページは　メモに　つかっても　いいです。

問題用紙

(２００２)

４ 級
読解・文法
(200点　50分)

注　意
Notes

1. 試験が始まるまで、この問題用紙を開けないでください。
   Do not open this question booklet before the test begins.
2. この問題用紙を持って帰ることはできません。
   You are not allowed to keep this question booklet after the test has finished.
3. 受験番号と名前を下の欄に、受験票と同じようにはっきりと書いてください。
   Write your registration number and name clearly in each box below. Make sure that the registration number and the name on the question booklet correspond to those on the Test Voucher.
4. この問題用紙は、全部で10ページあります。
   This question booklet contains 10 pages.

受験番号 Examinee Registration Number	

名前 Name	

もんだいI ＿＿＿の ところに 何(なに)を 入(い)れますか。1・2・3・4から いちばん いい ものを 一(ひと)つ えらびなさい。

(れい) これ＿＿＿ えんぴつです。

1 に　　2 を　　3 は　　4 や

（かいとうようし）

(れい)	① ② ● ④

(1) りんご＿＿＿ みかんを 買(か)いました。

1 が　　2 や　　3 は　　4 へ

(2) 7時(じ)に いえ＿＿＿ 出(で)ます。

1 と　　2 が　　3 を　　4 に

(3) 友(とも)だちと 電話(でんわ)＿＿＿ 話(はな)しました。

1 で　　2 に　　3 を　　4 と

(4) パーティーに 中山(なかやま)さん＿＿＿ よびました。

1 へ　　2 で　　3 に　　4 を

(5) 9時(じ)＿＿＿ えいがが はじまります。

1 まで　　2 から　　3 ぐらい　　4 など

(6) あなたの いえは 駅(えき)＿＿＿ どのぐらいですか。

1 と　　2 が　　3 では　　4 から

(7) 駅(えき)で 友(とも)だち＿＿＿ 会(あ)いました。

1 に　　2 を　　3 へ　　4 で

(8) きのう、テレビ＿＿＿ 見(み)ませんでした。

1 へ　　2 に　　3 は　　4 が

(9) 小川(おがわ)さん＿＿＿ おさけを 飲(の)みます。

1 を　　2 しか　　3 だけ　　4 に

(10) きょうは とても あついです＿＿＿。

1 や　　2 は　　3 と　　4 ね

(11) かぜ＿＿＿ まどが しまりました。

1 と　　2 で　　3 に　　4 から

(12) ここ＿＿＿ タクシーに のります。

1 が　　2 へ　　3 に　　4 で

(13) 1日(にち)＿＿＿ 3かい くすりを のみます。

1 が　　2 に　　3 へ　　4 を

(14) としょかんへ 本(ほん)を かえし＿＿＿ 行(い)きます。

1 へ　　2 で　　3 に　　4 を

(15) 雨(あめ)が ふっている＿＿＿、きょうは 出(で)かけません。

1 から　　2 など　　3 では　　4 まで

もんだいII　＿＿＿の　ところに　何(なに)を　入(い)れますか。1・2・3・4から いちばん　いい　ものを　一(ひと)つ　えらびなさい。

(1)　わたしの　ケーキを　＿＿＿　ください。

1　食(た)べなくて　　2　食べないで　　3　食べません　　4　食べない

(2)　くつを　＿＿＿　そとに　出(で)ます。

1　はく　　2　はいて　　3　はかない　　4　はきます

(3)　おかしは　あまり　すき＿＿＿。

1　ではありません　　2　です

3　でした　　4　くありません

(4)　わたしが　きのう　＿＿＿　カメラは　どこに　ありますか。

1　買(か)って　　2　買う　　3　買った　　4　買わない

(5)　ここは　とても　しずか＿＿＿　いい　ところ　です。

1　だ　　2　で　　3　に　　4　と

(6)　おんがくを　＿＿＿ながら、ごはんを　つくります。

1　聞(き)き　　2　聞く　　3　聞かない　　4　聞いて

(7)　わたしは　いつも　＿＿＿　前(まえ)に　はを　みがきます。

1　ねて　　2　ねた　　3　ねる　　4　ねます

(8)　しゅくだいを　＿＿＿　あとで、てがみを　書(か)きます。

1　した　　2　する　　3　して　　4　しない

(9)　びょうきに　＿＿＿　時(とき)は、びょういんへ　行(い)きます。

1　ならない　　2　なるの　　3　なって　　4　なった

(10) くだものが ＿＿＿ です。

1 食べて　　2 食べる　　3 食べない　　4 食べたい

(11) へやを　もっと　＿＿＿ してください。

1 あかるい　　2 あかるく　　3 あかるくて　　4 あかるいに

(12) あの　人は　たぶん　＿＿＿ でしょう。

1 学生　　2 学生だ　　3 学生な　　4 学生で

(13) すみませんが、すこし　しずか＿＿＿ ください。

1 でする　　2 にする　　3 でして　　4 にして

(14) 天気が　＿＿＿　なりました。

1 いいに　　2 よくに　　3 よく　　4 いい

(15) きょうは　＿＿＿　ねます。

1 はやいに　　2 はやい　　3 はやくない　　4 はやく

もんだいIII　＿＿＿の　ところに　何を　入れますか。1・2・3・4から いちばん　いい　ものを　一つ　えらびなさい。

(1)　りんごは　＿＿＿　ありますか。

1　なに　　2　いくつ　　3　どれ　　4　どの

(2)　きのうは、6時間＿＿＿　ねました。

1　まで　　2　ごろ　　3　じゅう　　4　ぐらい

(3)　先生の　へやは　＿＿＿です。

1　その　　2　どんな　　3　こちら　　4　どうして

(4)　えんぴつが　＿＿＿　あります。

1　いっぽん　　2　いちほん　　3　いっぼん　　4　いちぼん

(5)　あなたは　いま、お金を　＿＿＿か。

1　もってです　　2　もって　あります

3　もって　います　　4　もって　ください

もんだいIV　どの　こたえが　いちばん　いいですか。1・2・3・4から　いちばん　いい　ものを　一つ　えらびなさい。

(1)　A「かぜを　ひいて、きのうから　あたまが　いたいです。」

B「それは　＿＿＿＿＿＿。」

1　いたいですね　　　2　すみませんね

3　たいへんですね　　　4　わるいですね

(2)　A「あした　いっしょに　えいがを　見ませんか。」

B「あしたは　ちょっと　＿＿＿＿＿＿。」

1　しごとが　あります　　　2　時間が　いいです

3　えいがが　あります　　　4　いっしょに　いいです

(3)　A「田中先生は　どの　かた　ですか。」

B「＿＿＿＿＿＿。」

1　あの　めがねの　かたです

2　とても　しずかな　かたです

3　日本語を　おしえる　先生です

4　あれは　田中先生です

(4)　A「その　へやに　入らないで　ください。」

B「＿＿＿＿＿＿。」

1　すみませんが　　　2　わかりました

3　ごめんください　　　4　しつれいします

(5)　A「ちょっと、休みましょう。」

B「ええ、＿＿＿＿＿＿。」

1　休みました　　　2　そうでしょう

3　休みません　　　4　そうですね

もんだいⅤ　つぎの　ぶんを　読(よ)んで　しつもんに　こたえなさい。こたえは　1・2・3・4から　いちばん　いい　ものを　一(ひと)つ　えらびなさい。

A「この　おんがくは　とても　いいですよ。いっしょに　聞(き)きましょう。テープレコーダーは　ありますか。」

B「ええ。後(うし)ろに　ありますよ。」

A「これは　（　**ア**　）　つかいますか。おしえて　ください。」

B「はじめに、その　ボタンを　おして　ください。」

A「（　**イ**　）。」

B「いいえ、あおい　ボタンです。」

A「ああ、わかりました。（　**ウ**　）　白(しろ)い　ボタンですか。」

B「いいえ、その　前(まえ)に、ここに　テープを　入(い)れて　ください。」

A「はい、入れました。これで　いいですか。」

(1)　（**ア**）から（**ウ**）には　何(なに)を　入れますか。

（**ア**）　1　なぜ　　2　どう
　　　3　どんなに　　4　なにが

（**イ**）　1　これ　ですね　　2　どれ　ですか
　　　3　あおい　ボタンですね　　4　ええ、そうです

（**ウ**）　1　それは　　2　つぎから
　　　3　つぎに　　4　それでは

(2) ただしい　ものは　どれですか。

1 白(しろ)い　ボタンを　おしてから、テープを　入(い)れます。

2 白い　ボタンを　おしてから、あおい　ボタンを　おします。

3 テープを　入れてから、あおい　ボタンを　おします。

4 あおい　ボタンを　おしてから、テープを　入れます。

もんだいⅥ　つぎの　ぶんを　読んで、ただしい　ものを　えらびなさい。こたえは　1・2・3・4から　いちばん　いい　ものを　一つ　えらびなさい。

(1)　わたしの　うちに　くろい　ねこと　ちゃいろの　いぬが　います。どちらも　とても　かわいいです。いつも　外で　あそんで　います。

1　ねこも　いぬも　くろいです。

2　ねこも　いぬも　かわいいです。

3　ねこは　外で　あそびますが、いぬは　あそびません。

4　ねこは　くろくないですが、いぬは　くろいです。

(2)　A「雨ですね。かさを　もって　いますか。」

B「けさは　天気が　よかったから……。」

A「じゃ、これを　どうぞ。」

1　Bさんは　かさを　もって　いません。

2　Bさんは　かさを　もって　います。

3　Aさんは　かさを　かります。

4　Aさんは　かさを　かしません。

(3) きのうの　よる 10時に 友だちの うちに 電話を しましたが、
友だちは いませんでした。1時間 あとで もう いちど
かけました。でも 友だちは まだ かえって いませんでした。
わたしは 11時ごろ ねました。

1 わたしは きのうの よる 友だちと 話した あとで ねました。

2 わたしは きのうの よる 友だちに 1かいしか
電話しませんでした。

3 わたしは きのうの よる 友だちと 2かい 電話で
話しました。

4 わたしは きのうの よる 友だちと 電話で 話しませんでした。

4きゅう へいせい14ねんど にほんごのうりょくしけん かいとうようし(もじ・ごい)

じゅけんばんごう Examinee Registration Number		なまえ Name	

あなたのじゅけんひょうとおなじかどうか、たしかめてください。
Check up on your Test Voucher.

〈 ちゅうい Notes 〉

1. えんぴつ（HB、No.2）でかいてください。
   Use a medium soft (HB or No.2) pencil.
2. かきなおすときは、けしゴムできれいにけしてください。
   Erase any unintended marks completely.
3. きたなくしたり、おったりしないでください。
   Do not soil or bend this sheet.
4. マークれい Marking examples

よい Correct	わるい Incorrect
●	⊘ ◎ ◯ ◑ ⊖ ◐ ○

かいとうらん

もんだいⅠ

(れい)		①	②	③	●
とい1	(1)	①	②	③	④
	(2)	①	②	③	④
	(3)	①	②	③	④
とい2	(1)	①	②	③	④
	(2)	①	②	③	④
とい3	(1)	①	②	③	④
	(2)	①	②	③	④
	(3)	①	②	③	④
とい4	(1)	①	②	③	④
	(2)	①	②	③	④
	(3)	①	②	③	④
とい5	(1)	①	②	③	④
	(2)	①	②	③	④
とい6	(1)	①	②	③	④
	(2)	①	②	③	④

もんだいⅡ

(れい)		①	●	③	④
とい1	(1)	①	②	③	④
	(2)	①	②	③	④
	(3)	①	②	③	④
	(4)	①	②	③	④
とい2	(1)	①	②	③	④
	(2)	①	②	③	④
とい3	(1)	①	②	③	④
	(2)	①	②	③	④
とい4	(1)	①	②	③	④
	(2)	①	②	③	④

もんだいⅢ

(れい)	●	②	③	④
(1)	①	②	③	④
(2)	①	②	③	④
(3)	①	②	③	④
(4)	①	②	③	④
(5)	①	②	③	④
(6)	①	②	③	④
(7)	①	②	③	④
(8)	①	②	③	④
(9)	①	②	③	④
(10)	①	②	③	④

もんだいⅣ

(れい)	●	②	③	④
(1)	①	②	③	④
(2)	①	②	③	④
(3)	①	②	③	④
(4)	①	②	③	④
(5)	①	②	③	④

4 きゅう へいせい14ねんど　にほんごのうりょくしけん　かいとうようし（ちょうかい）

じゅけんばんごう Examinee Registration Number		なまえ Name	

あなたのじゅけんひょうとおなじかどうか、たしかめてください。
Check up on your Test Voucher.

〈 ちゅうい　Notes 〉

1. えんぴつ（HB、No.2）でかいてください。
   Use a medium soft (HB or No.2) pencil.
2. かきなおすときは、けしゴムできれいにけしてください。
   Erase any unintended marks completely.
3. きたなくしたり、おったりしないでください。
   Do not soil or bend this sheet.
4. マークれい　Marking examples

よい Correct	わるい Incorrect
●	⊘ ◎ ◯ ◐ ⊘ ◑ ◉

かいとうらん

もんだいⅠ

れい1	●	②	③	④
れい2	①	②	●	④
1ばん	①	②	③	④
2ばん	①	②	③	④
3ばん	①	②	③	④
4ばん	①	②	③	④
5ばん	①	②	③	④
6ばん	①	②	③	④
7ばん	①	②	③	④
8ばん	①	②	③	④
9ばん	①	②	③	④
10ばん	①	②	③	④

もんだいⅡ

れい	ただしい	①	②	③	●
	ただしくない	●	●	●	④
1ばん	ただしい	①	②	③	④
	ただしくない	①	②	③	④
2ばん	ただしい	①	②	③	④
	ただしくない	①	②	③	④
3ばん	ただしい	①	②	③	④
	ただしくない	①	②	③	④
4ばん	ただしい	①	②	③	④
	ただしくない	①	②	③	④
5ばん	ただしい	①	②	③	④
	ただしくない	①	②	③	④
6ばん	ただしい	①	②	③	④
	ただしくない	①	②	③	④
7ばん	ただしい	①	②	③	④
	ただしくない	①	②	③	④
8ばん	ただしい	①	②	③	④
	ただしくない	①	②	③	④
9ばん	ただしい	①	②	③	④
	ただしくない	①	②	③	④
10ばん	ただしい	①	②	③	④
	ただしくない	①	②	③	④

4 きゅう へいせい14ねんど　にほんごのうりょくしけん　かいとうようし（どっかい・ぶんぽう）

じゅけんばんごう Examinee Registration Number		なまえ Name	

あなたのじゅけんひょうとおなじかどうか、たしかめてください。
Check up on your Test Voucher.

〈 ちゅうい　Notes 〉

1. えんぴつ（HB、No.2）でかいてください。
   Use a medium soft (HB or No.2) pencil.
2. かきなおすときは、けしゴムできれいにけしてください。
   Erase any unintended marks completely.
3. きたなくしたり、おったりしないでください。
   Do not soil or bend this sheet.
4. マークれい　Marking examples

よい Correct	わるい Incorrect
●	⊘ ○ ◯ ○ ⊘ ◐ ○

かいとうらん

もんだい I				
（れい）	①	②	●	④
（1）	①	②	③	④
（2）	①	②	③	④
（3）	①	②	③	④
（4）	①	②	③	④
（5）	①	②	③	④
（6）	①	②	③	④
（7）	①	②	③	④
（8）	①	②	③	④
（9）	①	②	③	④
（10）	①	②	③	④
（11）	①	②	③	④
（12）	①	②	③	④
（13）	①	②	③	④
（14）	①	②	③	④
（15）	①	②	③	④

もんだい II				
（1）	①	②	③	④
（2）	①	②	③	④
（3）	①	②	③	④
（4）	①	②	③	④
（5）	①	②	③	④
（6）	①	②	③	④
（7）	①	②	③	④
（8）	①	②	③	④
（9）	①	②	③	④
（10）	①	②	③	④
（11）	①	②	③	④
（12）	①	②	③	④
（13）	①	②	③	④
（14）	①	②	③	④
（15）	①	②	③	④

もんだい III				
（1）	①	②	③	④
（2）	①	②	③	④
（3）	①	②	③	④
（4）	①	②	③	④
（5）	①	②	③	④

もんだい IV				
（1）	①	②	③	④
（2）	①	②	③	④
（3）	①	②	③	④
（4）	①	②	③	④
（5）	①	②	③	④

もんだい V					
（1）	（ア）	①	②	③	④
	（イ）	①	②	③	④
	（ウ）	①	②	③	④
（2）		①	②	③	④

もんだい VI				
（1）	①	②	③	④
（2）	①	②	③	④
（3）	①	②	③	④

問題用紙

（２００１）

４級

文字・語彙

（100点　25分）

注　意
Notes

1. 試験が始まるまで、この問題用紙を開けないでください。
Do not open this question booklet before the test begins.

2. この問題用紙を持って帰ることはできません。
You are not allowed to keep this question booklet after the test has finished.

3. 受験番号と名前を下の欄に、受験票と同じようにはっきりとかいてください。
Write your registration number and name clearly in each box below. Make sure that the registration number and the name on the question booklet correspond to those on the Test Voucher.

4. この問題用紙は、全部で７ページあります。
This question booklet contains 7 pages.

受験番号 Examinee Registration Number	

名前 Name	

もんだいⅠ ＿＿＿の ことばは どう よみますか。1・2・3・4から いちばん いい ものを ひとつ えらびなさい。

(れい) はこの 中に おかしが あります。

中　1 よこ　2 した　3 そと　4 なか

(かいとうようし)

(れい)	① ② ③ ●

とい1 ほんだなの 右(1)に 小さい(2) いすが あります。

(1) 右　1 みぎ　2 みに　3 ひだり　4 ひたり

(2) 小さい　1 こさい　2 しいさい　3 しょうさい　4 ちいさい

とい2 こんげつの 七日(1)は 木よう日(2)です。

(1) 七日　1 ななか　2 なのか　3 しっか　4 しちか

(2) 木よう日　1 げつようび　2 すいようび　3 もくようび　4 きんようび

とい3 毎日(1) ばんごはんの あとで 二時間半(2)ぐらい テレビを 見ます(3)。

(1) 毎日　1 めいにち　2 まいにち　3 めいび　4 まいび

(2) 二時間半　1 にじかんはん　2 にじはんかん　3 にじぶんはん　4 にじはんぶん

(3) 見ます　1 います　2 します　3 ねます　4 みます

とい4 きのう 友だちに(1) 手紙(2)を 書きました(3)。

(1) 友だち　1 とぬだち　2 とのだち　3 とむだち　4 ともだち

(2) 手紙　1 てかみ　2 てがみ　3 でかみ　4 でがみ

(3) 書きました　1 いきました　2 おきました　3 かきました　4 ききました

とい5　六時ごろ　大学の　せんせいに　電話を　かけました。
(1)　(2)　(3)

(1) 六時　1 ごじ　2 くじ　3 ろくじ　4 はちじ

(2) 大学　1 たいかく　2 たいがく　3 だいかく　4 だいがく

(3) 電話　1 でんき　2 でんしゃ　3 でんち　4 でんわ

とい6　わたしの　あねは　今年から　銀行に　つとめて　います。
(1)　(2)

(1) 今年　1 こねん　2 こんねん　3 ことし　4 こんとし

(2) 銀行　1 きんこ　2 きんこう　3 ぎんこ　4 ぎんこう

もんだいII ＿＿＿の ことばは どう かきますか。1・2・3・4から いちばん いい ものを ひとつ えらびなさい。

(れい) にほんごの ことばを ここのつ おぼえました。

にほんご　1 日本話　2 日本語　3 日本詰　4 日本詔

（かいとうようし）

(れい)	① ● ③ ④

とい1 その おとこ(1)の ひとは きのう ここに きました(2)。

(1) おとこ　1 男　2 男　3 要　4 妟

(2) きました　1 木ました　2 未ました　3 米ました　4 来ました

とい2 てんき(1)が わるくて、そとで すぽーつ(2)が できません。

(1) てんき　1 天気　2 天気　3 夫気　4 夫気

(2) すぽーつ　1 スポーシ　2 スポーツ　3 ヌポーシ　4 ヌポーツ

とい3 まちの ひがし(1)に ながい(2) かわ(3)が あります。

(1) ひがし　1 南　2 北　3 東　4 西

(2) ながい　1 食い　2 長い　3 良い　4 高い

(3) かわ　1 三　2 川　3 山　4 田

とい4 たなかさんの おかあさん(1)は、かようび(2)に その みせで はんかち(3)を かいました。

(1) おかあさん　1 お井さん　2 お丹さん　3 お母さん　4 お図さん

(2) かようび　1 日よう日　2 火よう日　3 水よう日　4 土よう日

(3) はんかち　1 ハンクチ　2 ハンカチ　3 ハソクチ　4 ハソカチ

もんだいIII ＿＿＿の ところに なにを いれますか。1・2・3・4 から いちばん いい ものを ひとつ えらびなさい。

(れい) とりが たくさん そらを ＿＿＿ います。

1 とんで　　2 はしって　　3 のぼって　　4 さんぽして

(かいとうようし)

(れい)	● ② ③ ④

(1) へやには ひとが ＿＿＿ いて あついです。

1 とても　　2 おおきく　　3 おおぜい　　4 たいへん

(2) わからない ひとは わたしに ＿＿＿ ください。

1 かえって　　2 こたえて

3 しつもんして　　4 れんしゅうして

(3) もう ＿＿＿ ゆっくり いって ください。

1 いちど　　2 いくつ　　3 いちまい　　4 いっしょに

(4) よる はを ＿＿＿から ねます。

1 みて　　2 きいて　　3 よんで　　4 みがいて

(5) この ほんは ＿＿＿ かるいです。

1 うすくて　　2 おもくて　　3 ふとくて　　4 ほそくて

(6) よっつ、＿＿＿、むっつ。ぜんぶで むっつ あります。

1 いつつ　　2 ふたつ　　3 みっつ　　4 やっつ

(7) きょうは つよい かぜが ＿＿＿ います。

1 はいて　　2 ふいて　　3 ふって　　4 ひいて

(8) ふうとうに　きってを　＿＿＿　だします。

1 おいて　　2 かいて　　3 はって　　4 みせて

(9) はじめまして、＿＿＿。

1 ありがとう　ございます　　2 こんにちは

3 すみません　　4 どうぞ　よろしく

(10) たいていは　あるいて　いきますが、＿＿＿　バスで　いきます。

1 いつも　　2 いろいろ　　3 ときどき　　4 だんだん

もんだいIV ＿＿＿の ぶんと だいたい おなじ いみの ぶんは とれですか。1・2・3・4から いちばん いい ものを ひとつ えらびなさい。

(れい) わたしの おばあさんの たんじょうびは じゅうがつです。

1 わたしの おばあさんは じゅうがつに うまれました。

2 わたしの おばあさんは じゅうがつに しにました。

3 わたしの おばあさんは じゅうがつに けっこんしました。

4 わたしの おばあさんは じゅうがつに はじまりました。

（かいとうようし） 

(れい)	● ② ③ ④

(1) きのう せんたくを しました。

1 きのう へやを きれいに しました。

2 きのう ようふくを あらいました。

3 きのう りょうりを つくりました。

4 きのう ほんを かいました。

(2) いそがしいから、しんぶんを よみません。

1 しんぶんは すきでは ありません。

2 しんぶんは つまらなく ありません。

3 しんぶんを よむ じかんが ありません。

4 しんぶんを かう おかねが ありません。

(3) リーさんは にほんごを ならって います。

1 リーさんは にほんごを いれて います。

2 リーさんは にほんごを おしえて います。

3 リーさんは にほんごを やめて います。

4 リーさんは にほんごを べんきょうして います。

(4) <u>おてあらいは　あちらです。</u>

1 トイレは　あちらに　あります。

2 プールは　あちらに　あります。

3 ホテルは　あちらに　あります。

4 デパートは　あちらに　あります。

(5) <u>いま、2001ねんです。さらいねん　がいこくに　いきます。</u>

1 2002ねんに　がいこくに　いきます。

2 2003ねんに　がいこくに　いきます。

3 2004ねんに　がいこくに　いきます。

4 2005ねんに　がいこくに　いきます。

問題用紙

(2001)

4級
聴　解
(100点　25分)

注　意
Notes

1. 試験が始まるまで、この問題用紙を開けないでください。
Do not open this question booklet before the test begins.
2. この問題用紙を持って帰ることはできません。
You are not allowed to keep this question booklet after the test has finished.
3. 受験番号と名前を下の欄に、受験票と同じようにはっきりと書いてください。
Write your registration number and name clearly in each box below. Make sure that the registration number and the name on the question booklet correspond to those on the Test Voucher.
4. この問題用紙は、全部で10ページあります。
This question booklet contains 10 pages.
5. もんだいⅠともんだいⅡは解答のしかたが違います。例をよく見て注意してください。
Note that different methods are required to answer Part I and Part II. Please take care to study the examples carefully.
6. この問題用紙にメモをとってもいいです。
If you wish, you may make notes in the question booklet.

受験番号　Examinee Registration Number	

名前　Name	

もんだい I

れい 1

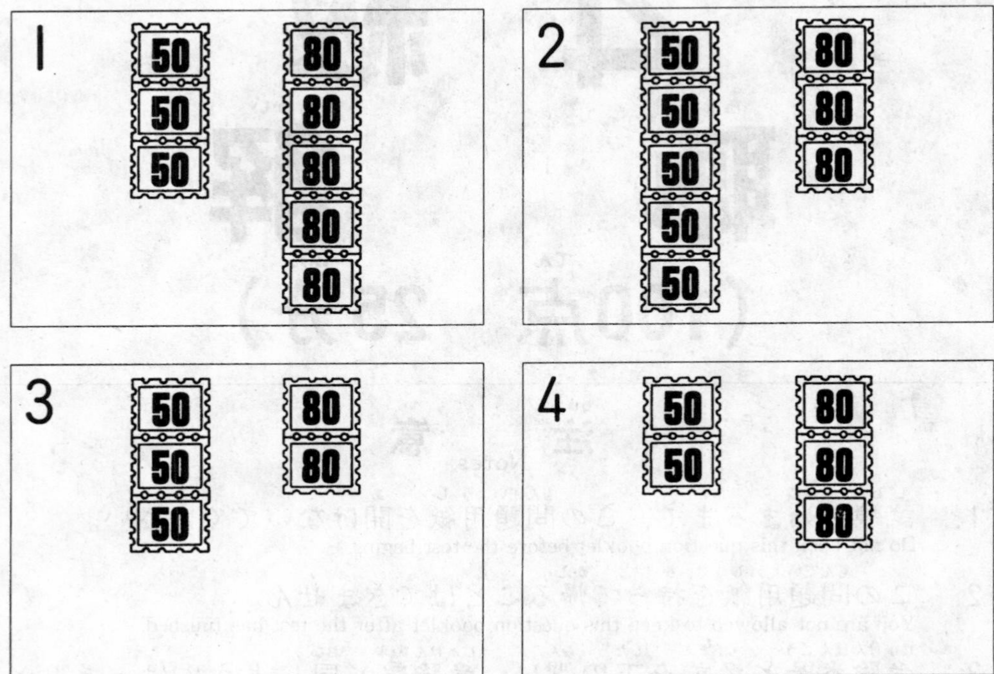

1
50
50
50
80
80
80
80
80
2
50
50
50
50
50
80
80
80
3
50
50
50
80
80
4
50
50
80
80
80

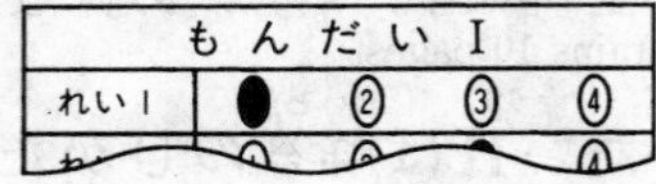

もんだい I
れい 1
② ③ ④

れい 2

1. きのうまで
2. きょうまで
3. あしたまで
4. あさってまで

もんだい I				
れい 1	●	②	③	④
れい 2	①	②	●	④

1 ばん

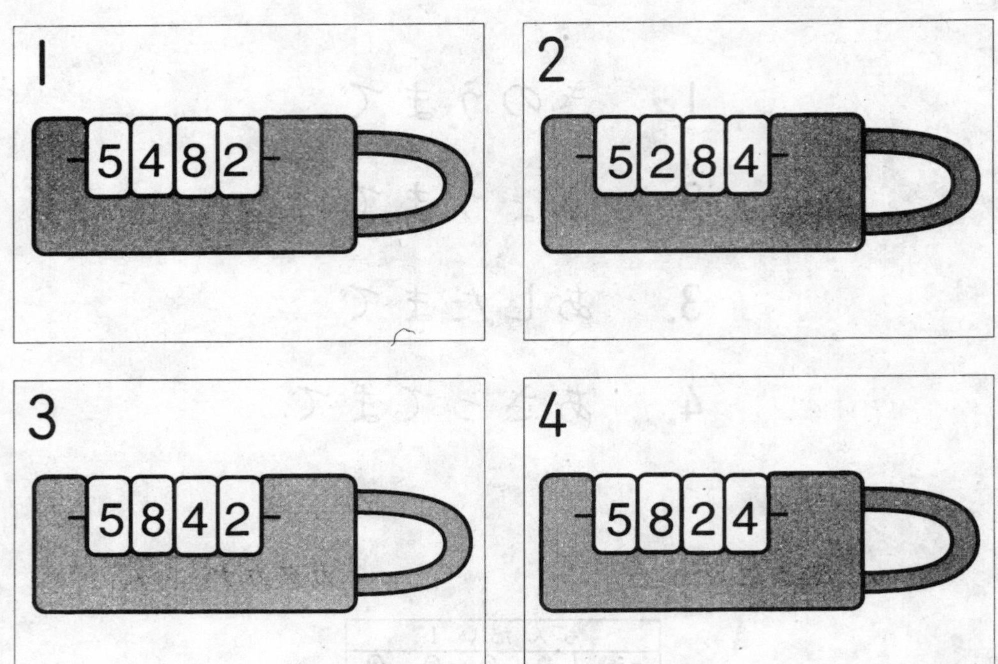

2 ばん

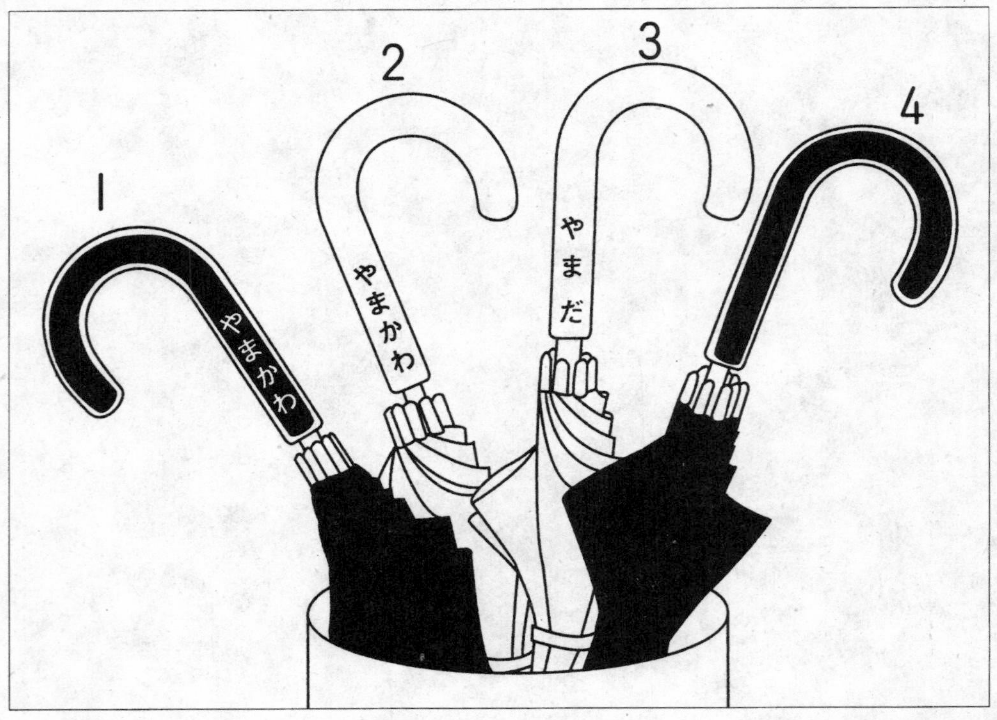

3 ばん

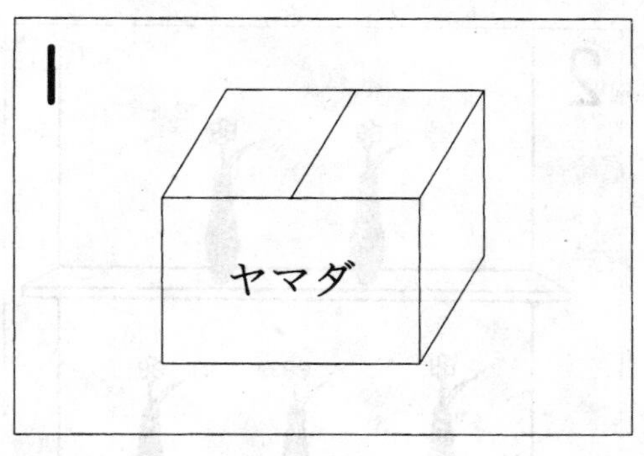

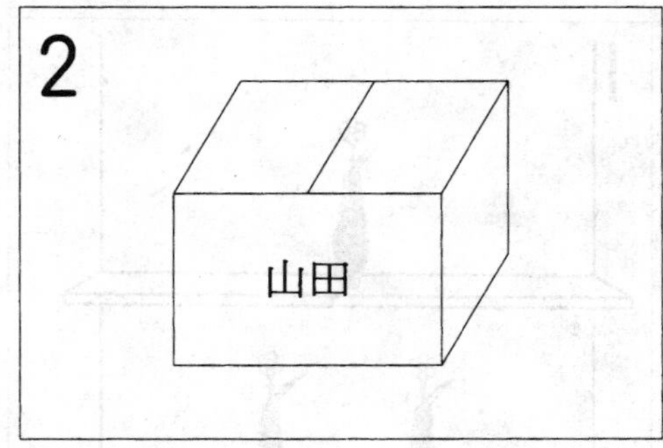

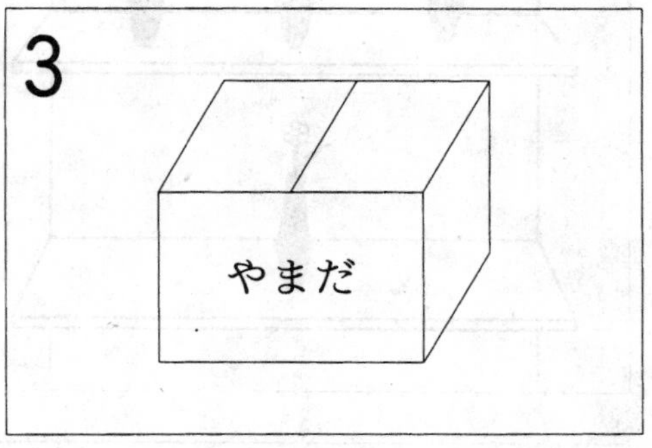

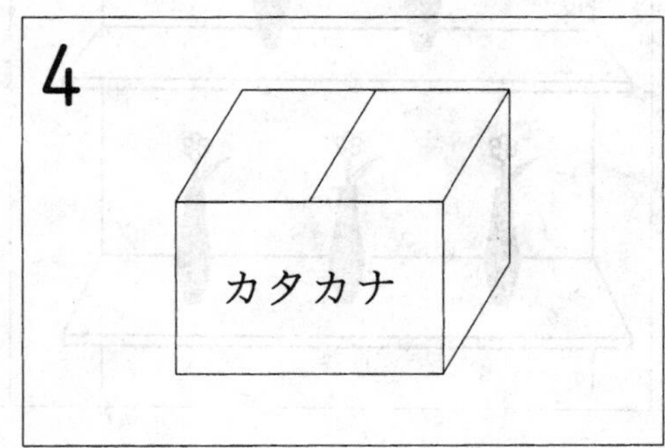

4 ばん

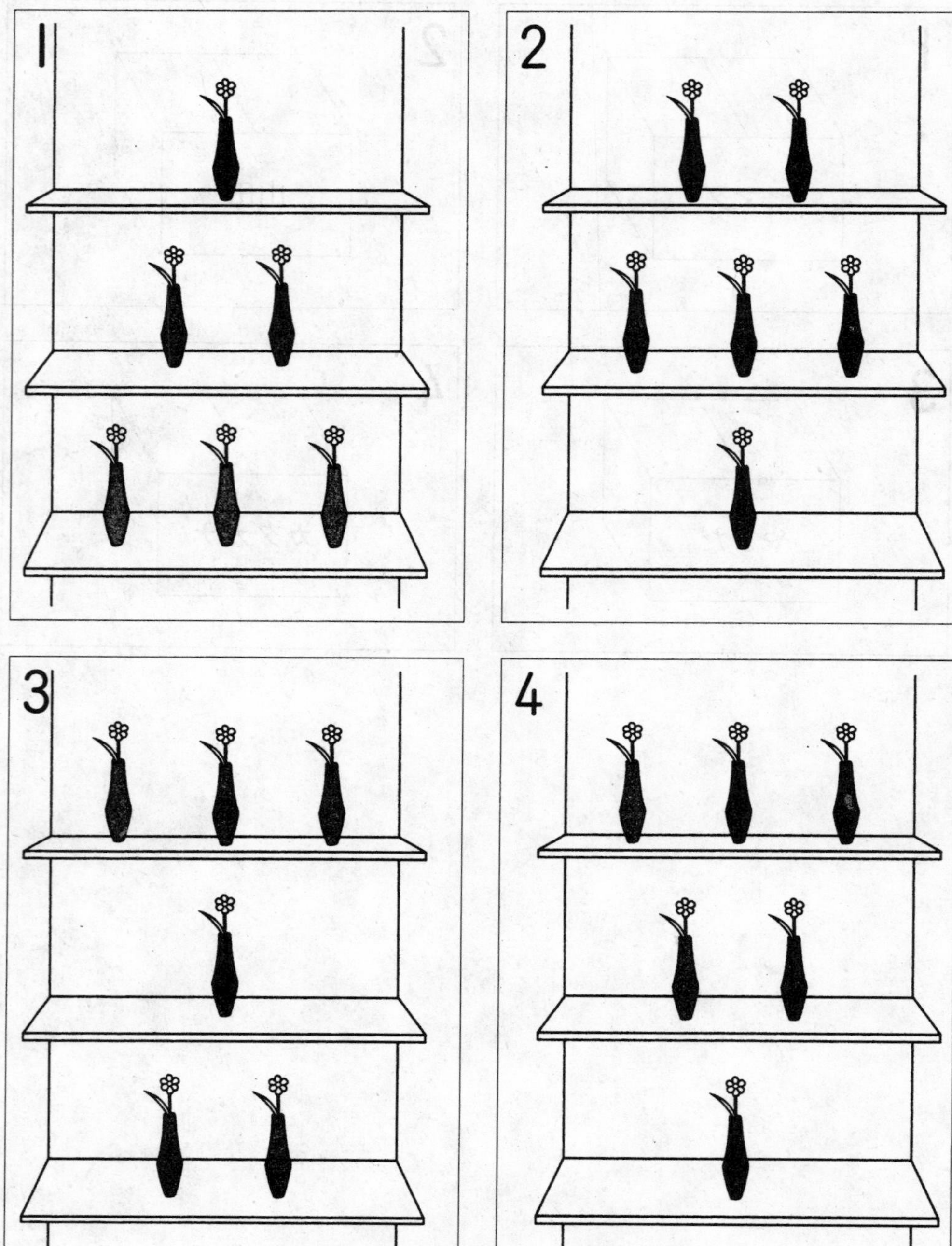

5 ばん

1. 11400円(えん)

2. 18400円

3. 14800円

4. 8400円

6 ばん

1 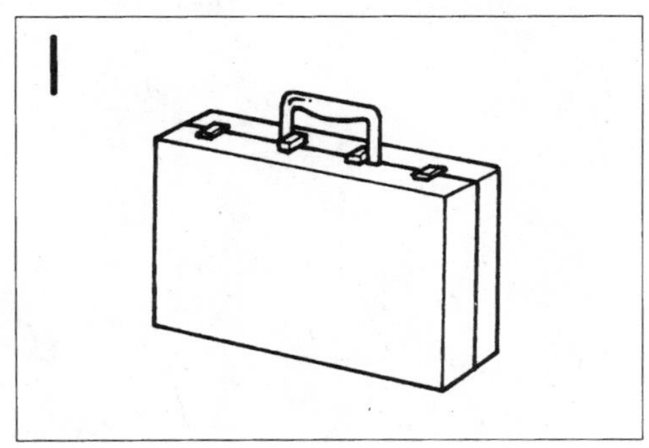

2 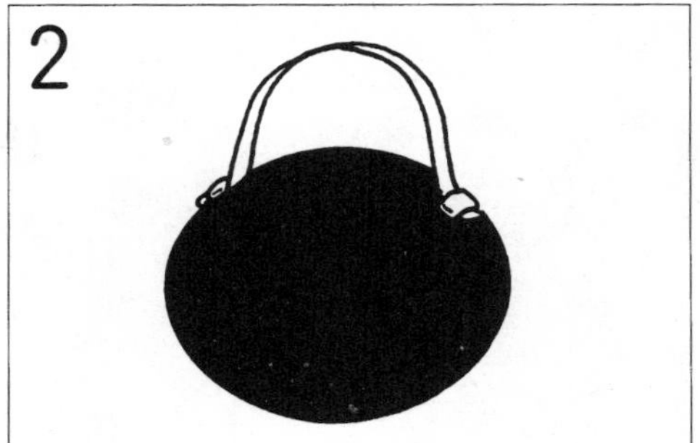

3 

4 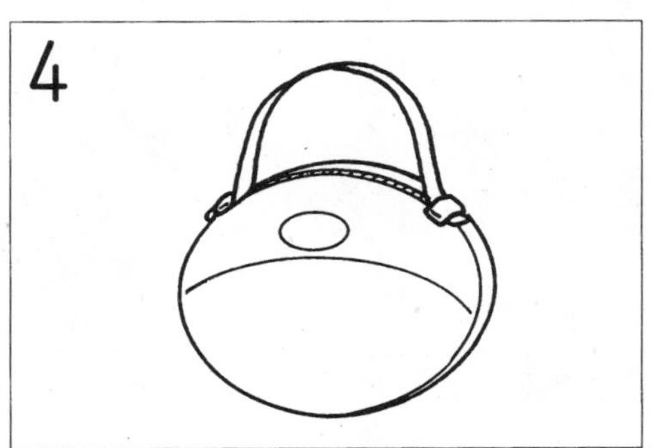

7 ばん

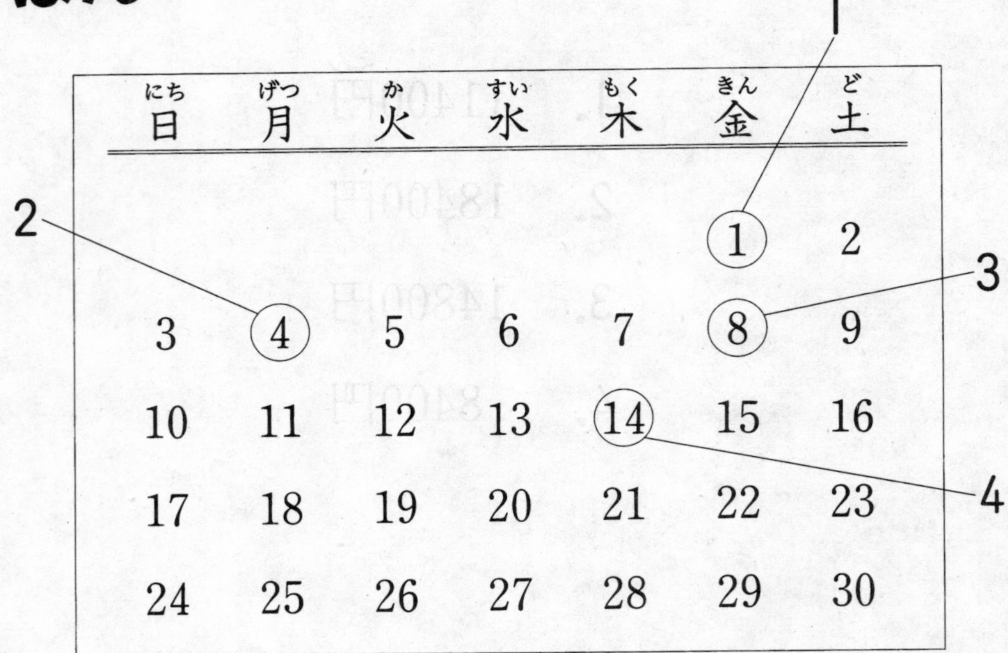
1
にち 日
げつ 月
か 火
すい 水
もく 木
きん 金
ど 土
2
3
4
1 2
3 4 5 6 7 8 9
10 11 12 13 14 15 16
17 18 19 20 21 22 23
24 25 26 27 28 29 30

8 ばん

1

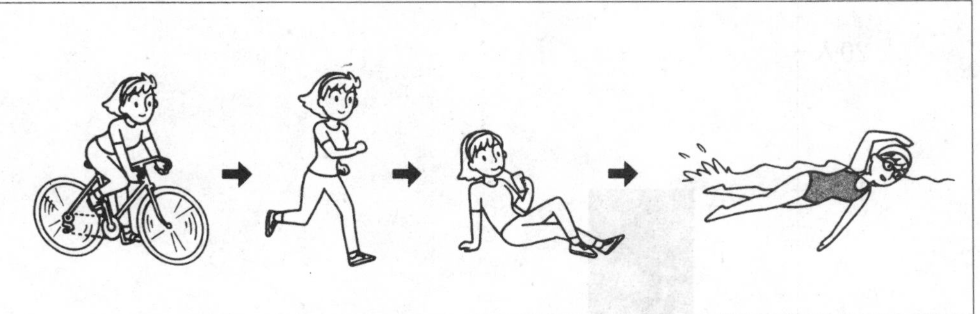

2

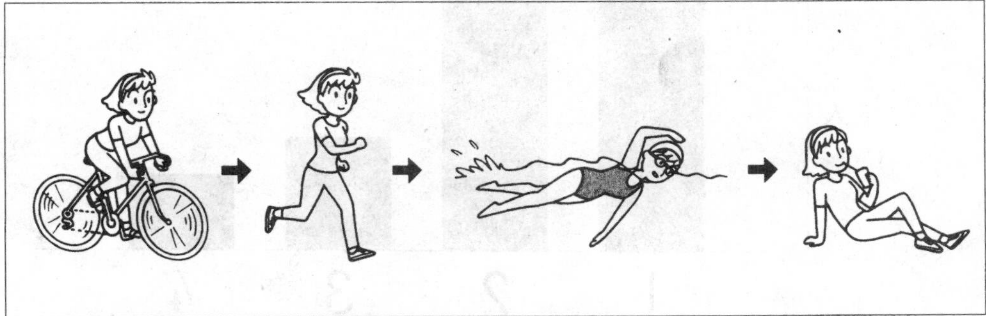

3

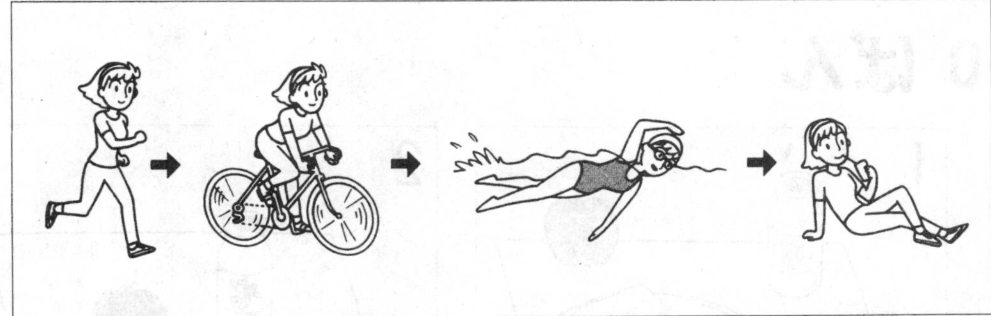

4

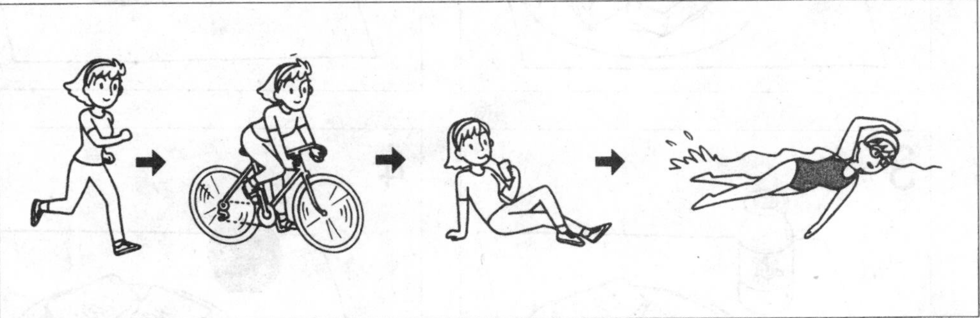

9 ばん

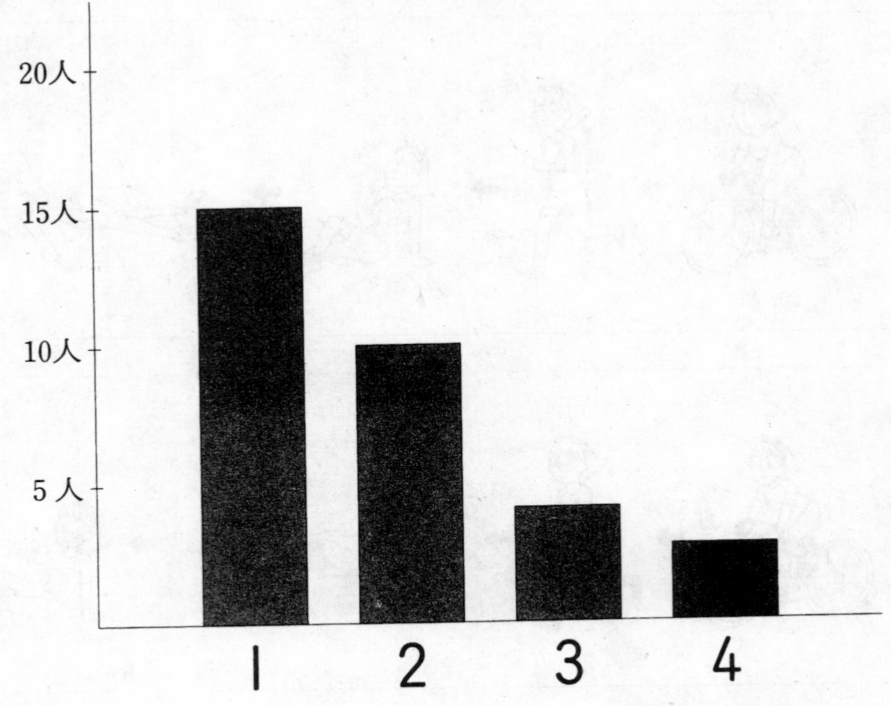

10 ばん

もんだいII　えなどは　ありません。

れい

もんだい II					
れ	ただしい	①	②	③	●
い	ただしくない	●	●	●	④

この　ページは　メモに　つかっても　いいです。

問題用紙

（２００１）

４級
読解・文法
（200点　50分）

注　意
Notes

1. 試験が始まるまで、この問題用紙を開けないでください。
Do not open this question booklet before the test begins.

2. この問題用紙を持って帰ることはできません。
You are not allowed to keep this question booklet after the test has finished.

3. 受験番号と名前を下の欄に、受験票と同じようにはっきりと書いてください。
Write your registration number and name clearly in each box below. Make sure that the registration number and the name on the question booklet correspond to those on the Test Voucher.

4. この問題用紙は、全部で10ページあります。
This question booklet contains 10 pages.

受験番号　Examinee Registration Number	

名前　Name	

もんだいⅠ　＿＿＿の　ところに　何を　入れますか。1・2・3・4から　いちばん　いい　ものを　一つ　えらびなさい。

(れい)　これ＿＿＿　えんぴつです。

1 に　　2 を　　3 は　　4 や

(かいとうようし)

(れい)	① ② ● ④

(1) としょかんでは　しずか＿＿＿　あるいて　ください。

1 だ　　2 な　　3 に　　4 で

(2) まど＿＿＿　しまって　います。

1 と　　2 を　　3 が　　4 に

(3) えき＿＿＿　むこうに　びょういんが　あります。

1 の　　2 に　　3 で　　4 と

(4) この　かど＿＿＿　右に　まがります。

1 へ　　2 を　　3 に　　4 が

(5) この　りょうりは　にくと　やさい＿＿＿　つくります。

1 と　　2 を　　3 が　　4 で

(6) へやには　だれ＿＿＿　いません。

1 が　　2 か　　3 も　　4 は

(7) きょうは、午後　ゆうびんきょくへ　行きますが、ぎんこう＿＿＿　行きません。

1 へは　　2 へも　　3 へと　　4 へに

(8) 大学＿＿＿　電車で　30分　かかります。

1 を　　2 が　　3 では　　4 まで

(9) きょねんの　ふゆは　ゆきが　1かい＿＿＿　ふりませんでした。

1 は　　2 に　　3 しか　　4 だけ

(10) あたらしい　ようふく＿＿＿　ほしいです。

1 に　　2 が　　3 と　　4 の

(11) もしもし、山本です＿＿＿、木下さんは　いますか。

1 が　　2 と　　3 て　　4 で

(12) この　たまごは　6こ＿＿＿　300円です。

1 と　　2 に　　3 で　　4 を

(13) これは　何＿＿＿　いう　スポーツですか。

1 と　　2 に　　3 が　　4 の

(14) どんな　いろ＿＿＿　すきですか。

1 は　　2 が　　3 で　　4 に

(15) 外国に　りょこう＿＿＿　行きます。

1 が　　2 を　　3 の　　4 に

もんだいII ＿＿＿の ところに 何(なに)を 入(い)れますか。1・2・3・4から いちばん いい ものを 一(ひと)つ えらびなさい。

(1) きのうは あたたかかったですが、きょうは ＿＿＿。

1 あたたかかったです　　2 あたたかいでした

3 あたたかくないです　　4 あたたかくではありません

(2) あの アパートは ＿＿＿ やすいです。

1 きれい　　2 きれいで　　3 きれいと　　4 きれいくて

(3) あの 先生(せんせい)は ゆうめい＿＿＿。

1 のです　　2 くあります

3 くありません　　4 ではありません

(4) お金(かね)が ＿＿＿、こまって います。

1 なくて　　2 ないで　　3 ないて　　4 なって

(5) そらが ＿＿＿ なりました。

1 くらく　　2 くらいで　　3 くらくに　　4 くらいに

(6) 本(ほん)を ＿＿＿ 前(まえ)に、この かみに 名前(なまえ)を 書(か)いて ください。

1 かりて　　2 かりる　　3 かりた　　4 かりない

(7) かおを ＿＿＿ あとで、はを みがきます。

1 あらう　　2 あらうの　　3 あらった　　4 あらわない

(8) じしょを ＿＿＿から かんじを 書(か)きます。

1 見(み)る　　2 見て　　3 見に　　4 見ない

(9) ＿＿＿＿ながら、話(はな)さないでください。

1 食(た)べ　2 食べる　3 食べた　4 食べて

(10) きのうは　雨(あめ)が　＿＿＿＿　かぜが　＿＿＿＿　しました。

1 ふって／ふいて　2 ふりて／ふきて

3 ふりたり／ふきたり　4 ふったり／ふいたり

(11) わたしは　なつに　うみで　＿＿＿＿たいです。

1 およぐ　2 およい　3 およが　4 およぎ

(12) からだが　＿＿＿＿　なりました。

1 じょうぶな　2 じょうぶに　3 じょうぶく　4 じょうぶで

(13) これは　日本語(にほんご)の　＿＿＿＿、あれは　英語(えいご)の　じしょです。

1 じしょや　2 じしょと　3 じしょで　4 じしょが

(14) この　しんぶんは　＿＿＿＿から　もう　いりません。

1 おとといの　2 おとといのだ

3 おとといので　4 おとといだった

(15) 時間(じかん)が　ありません。＿＿＿＿ください。

1 はやくして　2 はやくなって

3 はやいにして　4 はやいになって

もんだいIII ＿＿＿の ところに 何(なに)を 入(い)れますか。1・2・3・4から いちばん いい ものを 一(ひと)つ えらびなさい。

(1) すみません、でぐちは ＿＿＿ですか。

1 どの　　2 なに　　3 どちら　　4 なんの

(2) ジュースは もう ありませんが、コーヒーは まだ ＿＿＿。

1 あります　　2 ありません

3 ありませんでした　　4 あって います

(3) 今(いま)から あなたの うちへ 行(い)きますが、＿＿＿まで どれぐらい かかりますか。

1 どこ　　2 そちら　　3 こちら　　4 どちら

(4) 1日(にち)＿＿＿ しごとを して、つかれました。

1 から　　2 ごろ　　3 まで　　4 じゅう

(5) はる休(やす)みは ＿＿＿ ありますか。

1 どれ　　2 いくら　　3 どちら　　4 どのぐらい

もんだいⅣ　どの　こたえが　いちばん　いいですか。1・2・3・4から　いちばん　いい　ものを　一(ひと)つ　えらびなさい。

(1)　A「だれが　いちばん　はやく　来(き)ましたか。」

B「＿＿＿＿＿＿。」

1　わたしです　　　2　いちばんです

3　はい、来ました　　　4　いいえ、来ませんでした

(2)　A「ちょっと　これを　見(み)て　くださいませんか。」

B「＿＿＿＿＿＿。」

1　はい、ください　　　2　はい、いいですよ

3　いいえ、くださいません　　　4　いいえ、見ませんでした

(3)　A「山中(やまなか)さんは　おそいですね。」

B「ええ。でも　もうすぐ　＿＿＿＿＿＿。」

1　来(く)るです　　2　来(き)ました　　3　来(き)ません　　4　来(く)るでしょう

(4)　A「じしょを　かして　ください。」

B「ごめんなさい、＿＿＿＿＿＿。」

1　もちません　　　2　もちませんでした

3　もって　いません　　　4　もって　ありません

もんだいV　つぎの　ぶんを　読んで　しつもんに　こたえなさい。
こたえは　1・2・3・4から　いちばん　いい　ものを　一つ
えらびなさい。

ヤン「もしもし、大山さんですか。ヤンです。」

大山「アメリカに　いる　ヤンさん？　おげんきですか。」

ヤン「はい。げんきです。大山さん、おたんじょうび、
　　おめでとうございます。」

大山「ああ、ヤンさん、わたしの　たんじょうびを　まだ　おぼえて
　　いましたか。ありがとうございます。」

ヤン「もちろんです。でも、ことしは　いっしょに　たんじょうびの
　　パーティーが　できませんでしたね。もう　パーティーを　しましたか。」

大山「ええ。きのう　かいしゃの　ともだちと　ケーキを　食べたり
　　ダンスを　したり　して　たのしかったですよ。あしたは　かぞくと
　　レストランへ　行きます。」

ヤン「(　　**ア**　　)。」

大山「来月　しごとで　アメリカへ　行きますから　ヤンさんにも　いちど
　　あいたいですね。」

ヤン「ほんとうですか。(　　**イ**　　)　その　ときは　電話を　ください。」

(1)　(**ア**) と (**イ**) には　何を　入れますか。

(**ア**)　1 そうでした　　　　2 そうですか
　　　3 そう　しましょう　　4 そう　します

(**イ**)　1 じゃあ　　　　2 たぶん
　　　3 どうも　　　　4 あれから

(2) ヤンさんは　どうして　大山さんに　電話を　しましたか。

1 大山さんに　あいたいから　電話しました。

2 大山さんが　アメリカに　行くから　電話しました。

3 大山さんが　パーティーを　するから　電話しました。

4 大山さんの　たんじょうびだから　電話しました。

(3) ただしい　ものは　どれですか。

1 大山さんは　あした　かいしゃの　ともだちと　パーティーを
します。

2 大山さんは　きのう　かいしゃの　ともだちと　パーティーを
しました。

3 大山さんは　あした　たんじょうびだから　ともだちと　レストランへ
行きます。

4 大山さんは　きのう　たんじょうびだったから　かぞくと
パーティーを　しました。

もんだいVI　つぎの　ぶんを　読んで、しつもんに　こたえなさい。

こたえは　1・2・3・4から　いちばん　いい　ものを　一つ　えらびなさい。

(1)　アパートの　みなさんへ

らいしゅうの　月よう日と　火よう日の　午前9時から　午後5時まで　エレベーターを　つかわないで　ください。かいだんを　つかって　ください。

【しつもん】　アパートの　人は、らいしゅうの　月よう日と　火よう日には、そとに　出る　とき、どう　しますか。

1　らいしゅうの　月よう日の　午前10時には、かいだんを　つかいます。

2　らいしゅうの　月よう日の　午後3時には、エレベーターを　つかいます。

3　らいしゅうの　火よう日の　午前11時には、エレベーターを　つかいます。

4　らいしゅうの　火よう日の　午後3時には、かいだんを　つかいません。

(2)　A「すみません、こうばんは　どこですか。」

B「こうばんですか。そこに　はしが　ありますね。その　はしを　わたって　まっすぐ　行って　ください。左がわに　ありますよ。」

A「そうですか。ここから　どれぐらい　かかりますか。」

B「そうですね。5分ぐらいでしょう。」

【しつもん】　ただしい　ものは　どれですか。

1　はしは　こうばんの　左に　あります。

2　こうばんは　はしの　よこに　あります。

3　こうばんは　はしの　むこうに　あります。

4　はしは　ここから　5分ぐらい　かかります。

(3)　リン　「むらたさん、ちょっと　いいですか。」

むらた「はい。なんですか。」

リン　「あした　びょういんへ　行きますから、じゅぎょうに　出ません。あしたの　よる　電話しますから、しゅくだいを　おしえて　ください。」

むらた「はい。わかりました。」

【しつもん】　ただしい　ものは　どれですか。

1　むらたさんは　きょう　しゅくだいを　おしえます。

2　リンさんは　きょう　じゅぎょうを　休みます。

3　むらたさんは　あした　びょういんへ　行きます。

4　リンさんは　あした　むらたさんに　電話します。

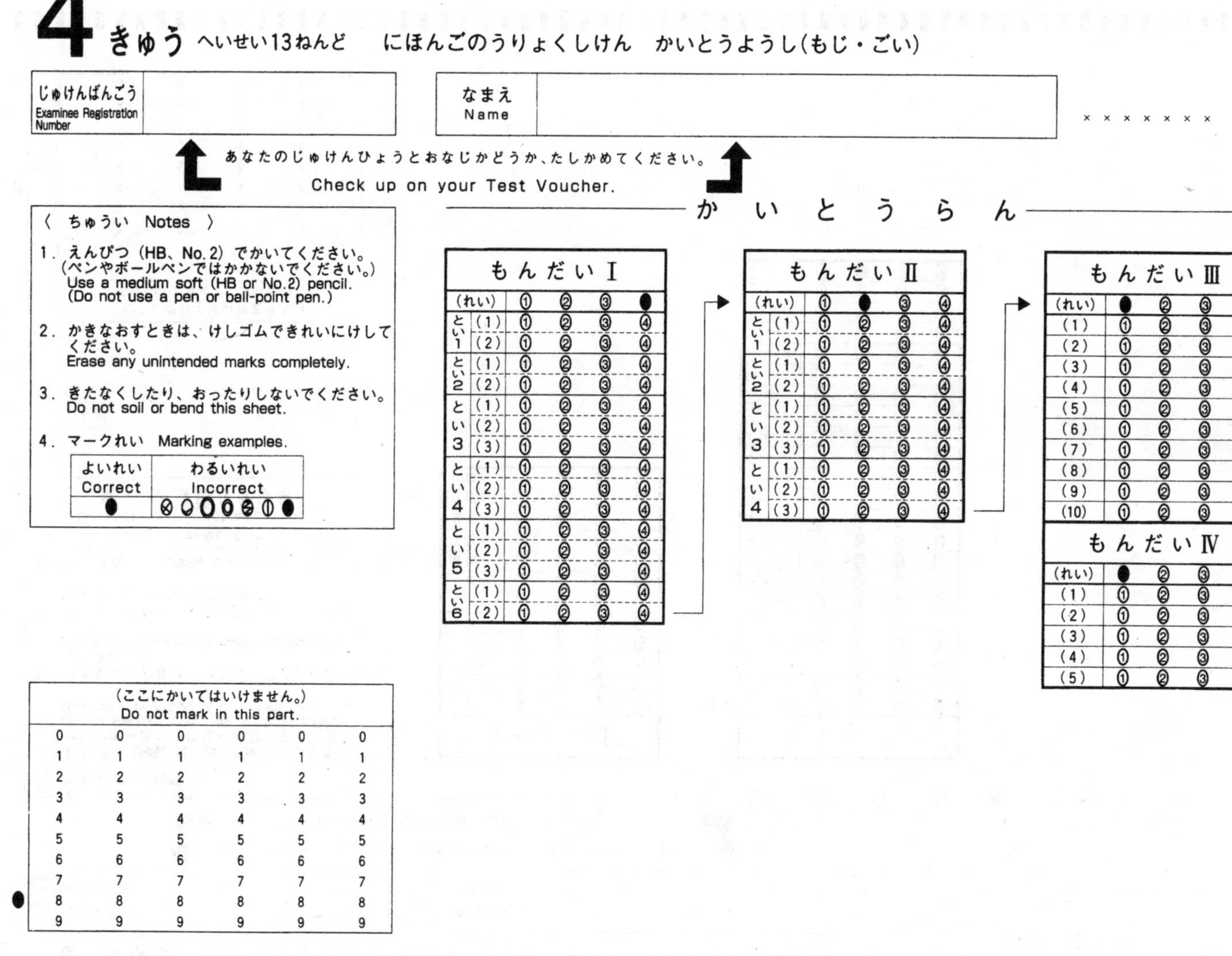

4きゅう へいせい13ねんど　にほんごのうりょくしけん　かいとうようし(もじ・ごい)

じゅけんばんごう Examinee Registration Number	

なまえ Name	

× × × × × × ×

あなたのじゅけんひょうとおなじかどうか、たしかめてください。
Check up on your Test Voucher.

〈 ちゅうい Notes 〉

1. えんぴつ（HB、No.2）でかいてください。
（ペンやボールペンではかかないでください。）
Use a medium soft (HB or No.2) pencil.
(Do not use a pen or ball-point pen.)
2. かきなおすときは、けしゴムできれいにけしてください。
Erase any unintended marks completely.
3. きたなくしたり、おったりしないでください。
Do not soil or bend this sheet.
4. マークれい Marking examples.

よいれい Correct	わるいれい Incorrect
●	⊗ ⊘ ◯ ⦶ ⊜ ⦸ ●

かいとうらん

もんだい I					
(れい)		①	②	③	●
とい1	(1)	①	②	③	④
	(2)	①	②	③	④
とい2	(1)	①	②	③	④
	(2)	①	②	③	④
とい3	(1)	①	②	③	④
	(2)	①	②	③	④
	(3)	①	②	③	④
とい4	(1)	①	②	③	④
	(2)	①	②	③	④
	(3)	①	②	③	④
とい5	(1)	①	②	③	④
	(2)	①	②	③	④
	(3)	①	②	③	④
とい6	(1)	①	②	③	④
	(2)	①	②	③	④

もんだい II					
(れい)		①	●	③	④
とい1	(1)	①	②	③	④
	(2)	①	②	③	④
とい2	(1)	①	②	③	④
	(2)	①	②	③	④
とい3	(1)	①	②	③	④
	(2)	①	②	③	④
	(3)	①	②	③	④
とい4	(1)	①	②	③	④
	(2)	①	②	③	④
	(3)	①	②	③	④

もんだい III				
(れい)	●	②	③	④
(1)	①	②	③	④
(2)	①	②	③	④
(3)	①	②	③	④
(4)	①	②	③	④
(5)	①	②	③	④
(6)	①	②	③	④
(7)	①	②	③	④
(8)	①	②	③	④
(9)	①	②	③	④
(10)	①	②	③	④

もんだい IV				
(れい)	●	②	③	④
(1)	①	②	③	④
(2)	①	②	③	④
(3)	①	②	③	④
(4)	①	②	③	④
(5)	①	②	③	④

（ここにかいてはいけません。）
Do not mark in this part.

0	0	0	0	0	0
1	1	1	1	1	1
2	2	2	2	2	2
3	3	3	3	3	3
4	4	4	4	4	4
5	5	5	5	5	5
6	6	6	6	6	6
7	7	7	7	7	7
8	8	8	8	8	8
9	9	9	9	9	9

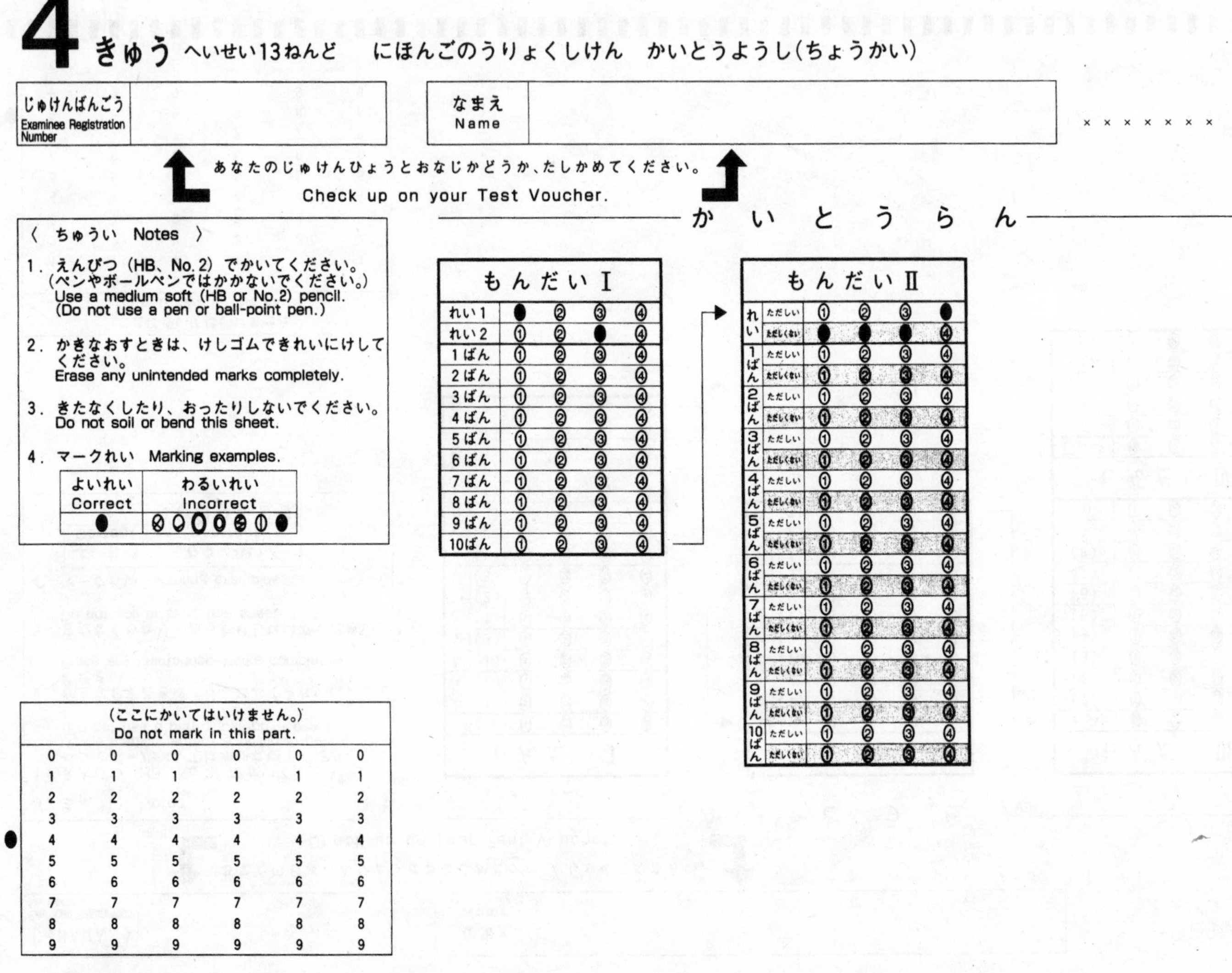

4 きゅう へいせい13ねんど　にほんごのうりょくしけん　かいとうようし(ちょうかい)

じゅけんばんごう Examinee Registration Number		なまえ Name	

× × × × × × ×

あなたのじゅけんひょうとおなじかどうか、たしかめてください。
Check up on your Test Voucher.

〈 ちゅうい　Notes 〉

1. えんぴつ（HB、No.2）でかいてください。
(ペンやボールペンではかかないでください。)
Use a medium soft (HB or No.2) pencil.
(Do not use a pen or ball-point pen.)
2. かきなおすときは、けしゴムできれいにけしてください。
Erase any unintended marks completely.
3. きたなくしたり、おったりしないでください。
Do not soil or bend this sheet.
4. マークれい　Marking examples.

よいれい Correct	わるいれい Incorrect
●	⊗ ⊘ ○ ◎ ⊖ ◐ ●

（ここにかいてはいけません。）
Do not mark in this part.

0	0	0	0	0	0
1	1	1	1	1	1
2	2	2	2	2	2
3	3	3	3	3	3
4	4	4	4	4	4
5	5	5	5	5	5
6	6	6	6	6	6
7	7	7	7	7	7
8	8	8	8	8	8
9	9	9	9	9	9

か い と う ら ん

もんだい I				
れい1	●	②	③	④
れい2	①	②	●	④
1ばん	①	②	③	④
2ばん	①	②	③	④
3ばん	①	②	③	④
4ばん	①	②	③	④
5ばん	①	②	③	④
6ばん	①	②	③	④
7ばん	①	②	③	④
8ばん	①	②	③	④
9ばん	①	②	③	④
10ばん	①	②	③	④

もんだい II					
れい	ただしい	①	②	③	●
	ただしくない	●	●	●	④
1ばん	ただしい	①	②	③	④
	ただしくない	①	②	③	④
2ばん	ただしい	①	②	③	④
	ただしくない	①	②	③	④
3ばん	ただしい	①	②	③	④
	ただしくない	①	②	③	④
4ばん	ただしい	①	②	③	④
	ただしくない	①	②	③	④
5ばん	ただしい	①	②	③	④
	ただしくない	①	②	③	④
6ばん	ただしい	①	②	③	④
	ただしくない	①	②	③	④
7ばん	ただしい	①	②	③	④
	ただしくない	①	②	③	④
8ばん	ただしい	①	②	③	④
	ただしくない	①	②	③	④
9ばん	ただしい	①	②	③	④
	ただしくない	①	②	③	④
10ばん	ただしい	①	②	③	④
	ただしくない	①	②	③	④

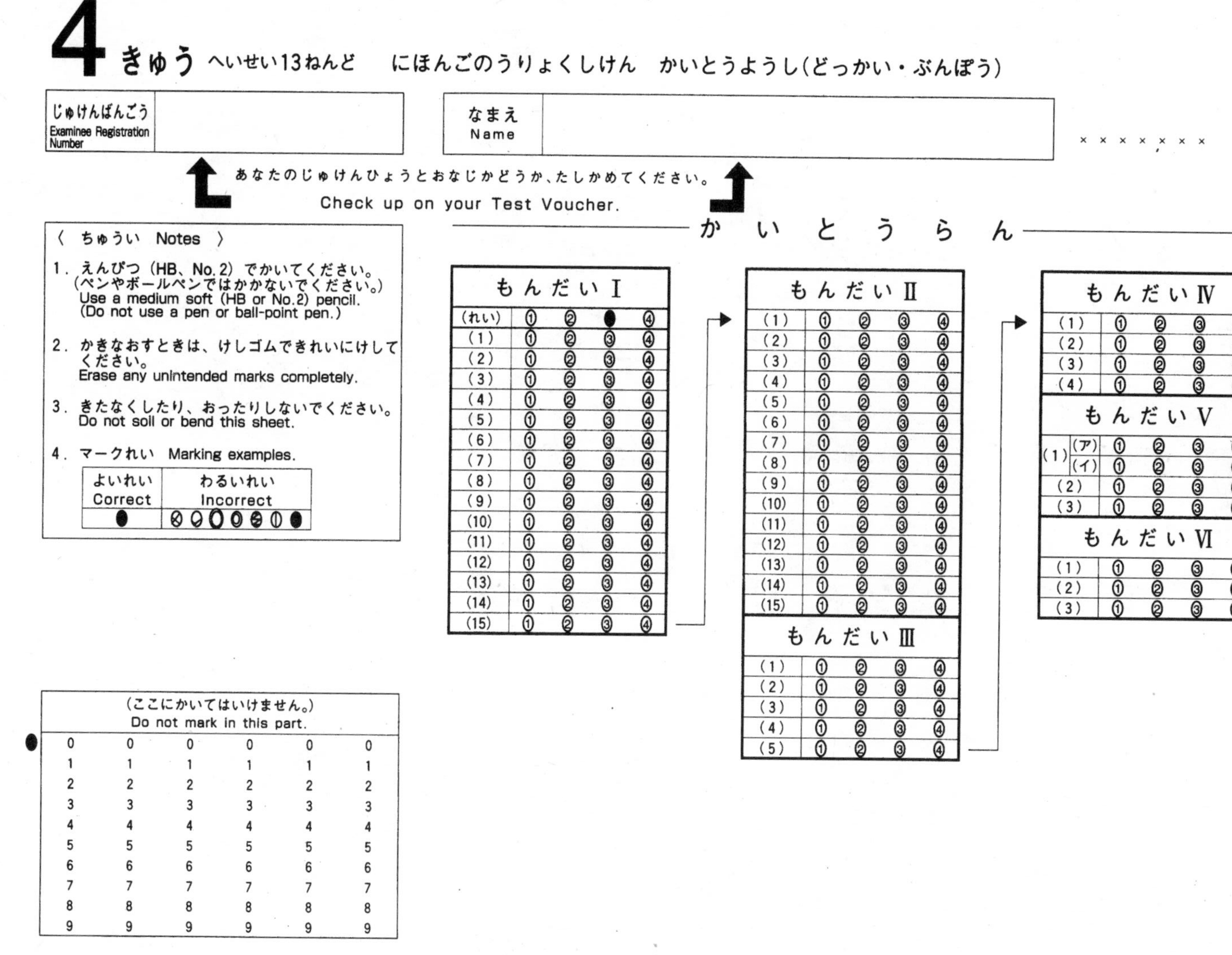

4きゅう へいせい13ねんど　にほんごのうりょくしけん　かいとうようし(どっかい・ぶんぽう)

じゅけんばんごう Examinee Registration Number	

なまえ Name	

あなたのじゅけんひょうとおなじかどうか、たしかめてください。
Check up on your Test Voucher.

〈 ちゅうい　Notes 〉

1. えんぴつ（HB、No.2）でかいてください。
（ペンやボールペンではかかないでください。）
Use a medium soft (HB or No.2) pencil.
(Do not use a pen or ball-point pen.)
2. かきなおすときは、けしゴムできれいにけしてください。
Erase any unintended marks completely.
3. きたなくしたり、おったりしないでください。
Do not soil or bend this sheet.
4. マークれい　Marking examples.

よいれい Correct	わるいれい Incorrect
●	⊗ ⊘ ◯ ◎ ⊜ ◐ ●

（ここにかいてはいけません。）
Do not mark in this part.

0	0	0	0	0	0
1	1	1	1	1	1
2	2	2	2	2	2
3	3	3	3	3	3
4	4	4	4	4	4
5	5	5	5	5	5
6	6	6	6	6	6
7	7	7	7	7	7
8	8	8	8	8	8
9	9	9	9	9	9

か　い　と　う　ら　ん

もんだい Ⅰ				
(れい)	①	②	●	④
(1)	①	②	③	④
(2)	①	②	③	④
(3)	①	②	③	④
(4)	①	②	③	④
(5)	①	②	③	④
(6)	①	②	③	④
(7)	①	②	③	④
(8)	①	②	③	④
(9)	①	②	③	④
(10)	①	②	③	④
(11)	①	②	③	④
(12)	①	②	③	④
(13)	①	②	③	④
(14)	①	②	③	④
(15)	①	②	③	④

もんだい Ⅱ				
(1)	①	②	③	④
(2)	①	②	③	④
(3)	①	②	③	④
(4)	①	②	③	④
(5)	①	②	③	④
(6)	①	②	③	④
(7)	①	②	③	④
(8)	①	②	③	④
(9)	①	②	③	④
(10)	①	②	③	④
(11)	①	②	③	④
(12)	①	②	③	④
(13)	①	②	③	④
(14)	①	②	③	④
(15)	①	②	③	④

もんだい Ⅲ				
(1)	①	②	③	④
(2)	①	②	③	④
(3)	①	②	③	④
(4)	①	②	③	④
(5)	①	②	③	④

もんだい Ⅳ				
(1)	①	②	③	④
(2)	①	②	③	④
(3)	①	②	③	④
(4)	①	②	③	④

もんだい Ⅴ				
(1)(ア)	①	②	③	④
(1)(イ)	①	②	③	④
(2)	①	②	③	④
(3)	①	②	③	④

もんだい Ⅵ				
(1)	①	②	③	④
(2)	①	②	③	④
(3)	①	②	③	④

問題用紙

(２０００)

４級
文字・語彙
(100点　25分)

注　意
Notes

1. 試験が始まるまで、この問題用紙をあけないでください。
Do not open this question booklet before the test begins.

2. この問題用紙を持って帰ることはできません。
You are not allowed to keep this question booklet after the test has finished.

3. 受験番号と名前をしたの欄に、受験票と同じようにはっきりと書いてください。
Write your registration number and name clearly in each box below. Make sure that the registration number and the name on the question booklet correspond to those on the Test Voucher.

4. この問題用紙は、全部で７ページあります。
This question booklet contains 7 pages.

受験番号　Examinee Registration Number	

名前　Name	

もんだいⅠ ＿＿＿の ことばは どう よみますか。1・2・3・4から いちばん いい ものを ひとつ えらびなさい。

(れい) この 学校に がくせいが なんにん いますか。

学校　1 がくこ　2 がっこ　3 がくこう　4 がっこう

(かいとうようし)　| **(れい)** | ① ② ③ ● |

とい1 はこの 中(1)に 三万円(2)の とけいが あります。

(1) 中　1 うえ　2 そと　3 なか　4 よこ

(2) 三万円　1 さんまんねん　2 さんまんえん　3 さんぜんねん　4 さんぜんえん

とい2 土よう日(1)の 朝(2)、雨(3)が たくさん ふりました。

(1) 土よう日　1 かようび　2 どようび　3 すいようび　4 にちようび

(2) 朝　1 あさ　2 ばん　3 ひる　4 よる

(3) 雨　1 ゆき　2 くも　3 かぜ　4 あめ

とい3 休み(1)の 前(2)に テストが あります。

(1) 休み　1 やすみ　2 やつみ　3 おやすみ　4 おやつみ

(2) 前　1 あと　2 まえ　3 とき　4 さき

とい4 きょうの 午後(1)は、一人(2)で ほんを 読みます(3)。

(1) 午後　1 こご　2 ここう　3 ごご　4 ごごう

(2) 一人　1 いちじん　2 いちにん　3 ひとり　4 ふたり

(3) 読みます　1 よみます　2 やみます　3 のみます　4 こみます

とい5　パーティーが　ありますから、花(1)を　百本(2)　かいます。

(1) 花　　1 いす　　2 かさ　　3 はし　　4 はな

(2) 百本　　1 ひょっぽん　　2 ひょっぽん
　　3 ひゃっぽん　　4 ひゃっぽん

とい6　北(1)の　国(2)の　うみの　水(3)は　あおくて　きれいです。

(1) 北　　1 きた　　2 にし　　3 ひがし　　4 みなみ

(2) 国　　1 みち　　2 まち　　3 こく　　4 くに

(3) 水　　1 き　　2 みず　　3 すい　　4 もく

もんだいII ＿＿＿の ことばは どう かきますか。1・2・3・4から いちばん いい ものを ひとつ えらびなさい。

（れい） あした <u>やま</u>へ いきます。

やま　1 川　2 天　3 山　4 田

（かいとうようし）

（れい）	① ② ● ④

とい1 <u>にほんご</u>(1)の ことばを <u>ここのつ</u>(2) おぼえました。

(1) にほんご　1 日本話　2 日本語　3 日本詰　4 日本詔

(2) ここのつ　1 八つ　2 四つ　3 九つ　4 六つ

とい2 <u>きんようび</u>(1)に あたらしい <u>おんな</u>(2)の <u>せんせい</u>(3)が きました。

(1) きんようび　1 全よう日　2 余よう日　3 金よう日　4 金よう日

(2) おんな　1 文　2 女　3 女　4 文

(3) せんせい　1 先生　2 生先　3 无生　4 生无

とい3 ひまな <u>じかん</u>(1)に <u>らじお</u>(2)を <u>ききます</u>(3)。

(1) じかん　1 時間　2 時間　3 時間　4 時間

(2) らじお　1 ラジオ　2 ラジホ　3 ヲジオ　4 ヲジホ

(3) ききます　1 開きます　2 関きます　3 聞きます　4 闇きます

とい4 とけいの <u>した</u>(1)に <u>かれんだー</u>(2)が はって あります。

(1) した　1 止　2 上　3 木　4 下

(2) かれんだー　1 ケレングー　2 ケレンダー　3 カレングー　4 カレンダー

もんだいIII ＿＿＿の　ところに　なにを　いれますか。1・2・3・4 から　いちばん　いい　ものを　ひとつ　えらびなさい。

(れい)　この　こうえんは　＿＿＿　ひろく　ありませんね。

1 とても　　2 あまり　　3 ちょうど　　4 たくさん

（かいとうようし）

(れい)	① ● ③ ④

(1) とりが　たくさん　そらを　＿＿＿　います。

1 とんで　　2 はしって　　3 のぼって　　4 さんぽして

(2) この　へやは　ストーブが　ついて　いて、＿＿＿です。

1 すずしい　　2 つめたい　　3 あたたかい　　4 あたらしい

(3) はやしさんは　からだが　＿＿＿、よく　はたらきます。

1 せまくて　　2 よわくて　　3 たいへんで　　4 じょうぶで

(4) えきでは　ひとが　でんしゃに　のったり　＿＿＿　して　います。

1 おきたり　　2 おりたり　　3 ついたり　　4 とまったり

(5) ＿＿＿で　ほんを　かります。

1 ほんや　　2 こうばん　　3 としょかん　　4 えいがかん

(6) きょうは　＿＿＿です。あしたは　みっかです。

1 ふつか　　2 はつか　　3 よっか　　4 ついたち

(7) しけんは　おわりました。きょうしつを　＿＿＿　ください。

1 すわって　　2 でて　　3 かえって　　4 べんきょうして

(8) ＿＿＿ なまえを　かいて　ください。つぎに、しつもんに　こたえて　ください。

1 ときどき　　2 もちろん　　3 はじめに　　4 いちばん

(9) A「なにか　＿＿＿は　ありませんか。」

B「おちゃで　いいですか。」

A「はい、けっこうです。」

1 くだもの　　2 たべもの　　3 のりもの　　4 のみもの

(10) ごはんを　たべた　あとは　「＿＿＿。」と　いいます。

1 ごちそうさま　　2 いただきます

3 しつれいします　　4 おねがいします

もんだいⅣ　＿＿＿の　ぶんと　だいたい　おなじ　いみの　ぶんは　どれですか。1・2・3・4　から　いちばん　いい　ものを　ひとつ　えらびなさい。

（れい）　<u>この　みせでは　やさいや　くだものを　うって　います。</u>

1　ここは　やおやです。

2　ここは　ほんやです。

3　ここは　はなやです。

4　ここは　にくやです。

（かいとうようし）

（れい）	● ② ③ ④

(1)　<u>わたしの　おばあさんの　たんじょうびは　じゅうがつ　いつかです。</u>

1　わたしの　おばあさんは　じゅうがつ　いつかに　うまれました。

2　わたしの　おばあさんは　じゅうがつ　いつかに　しにました。

3　わたしの　おばあさんは　じゅうがつ　いつかに　けっこんしました。

4　わたしの　おばあさんは　じゅうがつ　いつかに　はじまりました。

(2)　<u>りょうしんは　でかけて　います。</u>

1　あねも　いもうとも　いえに　いません。

2　あにも　おとうとも　いえに　いません。

3　ちちも　ははも　いえに　いません。

4　おばも　おじも　いえに　いません。

(3)　<u>きょうは　てんきが　いいです。</u>

1　きょうは　くもって　います。

2　きょうは　あめが　ふって　います。

3　きょうは　ゆきが　ふって　います。

4　きょうは　よく　はれて　います。

(4) へやが くらいですね。あかるく して ください。

1 でんきを けして ください。

2 でんきを つけて ください。

3 でんきを けさないで ください。

4 でんきを つけないで ください。

(5) たなか「あの ひとは どなたですか。」

1 たなかさんは あの ひとの いえが わかりません。

2 たなかさんは あの ひとの なまえが わかりません。

3 たなかさんは あの ひとの しごとが わかりません。

4 たなかさんは あの ひとの くにが わかりません。

問題用紙

（２０００）

４級
聴　解
（100点　25分）

注　意
Notes

1. 試験が始まるまで、この問題用紙を開けないでください。
Do not open this question booklet before the test begins.

2. この問題用紙を持って帰ることはできません。
You are not allowed to keep this question booklet after the test has finished.

3. 受験番号と名前を下の欄に、受験票と同じようにはっきりと書いてください。
Write your registration number and name clearly in each box below. Make sure that the registration number and the name on the question booklet correspond to those on the Test Voucher.

4. この問題用紙は、全部で10ページあります。
This question booklet contains 10 pages.

5. もんだいＩともんだいIIは解答のしかたが違います。例をよく見て注意してください。
Note that different methods are required to answer Part I and Part II. Please take care to study the examples carefully.

6. この問題用紙にメモをとってもいいです。
If you wish, you may make notes in the question booklet.

受験番号　Examinee Registration Number	

名前　Name	

もんだい I

れい 1

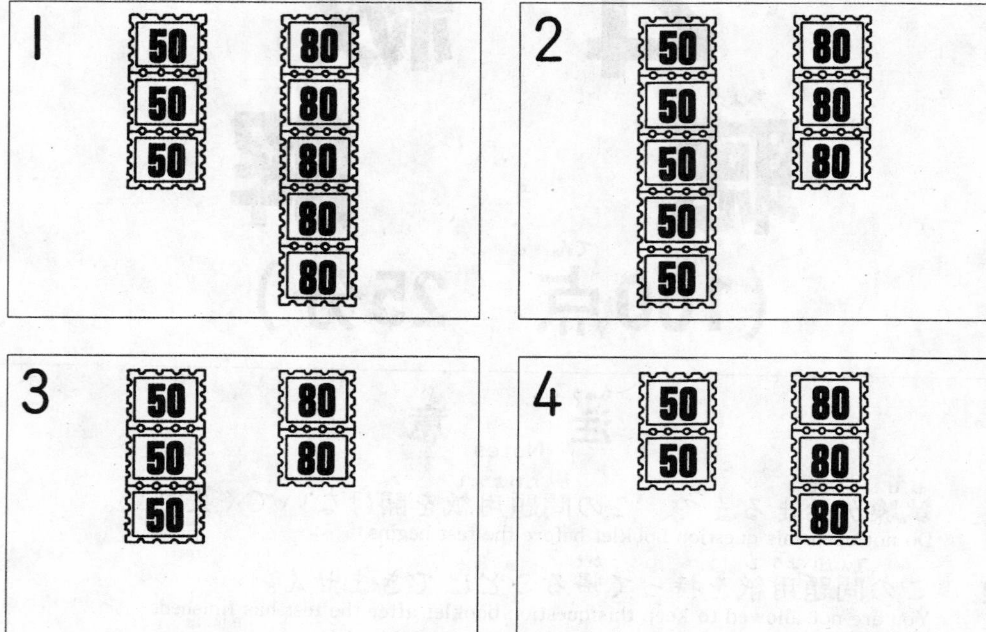

1
50
50
50
80
80
80
80
80
2
50
50
50
50
50
80
80
80
3
50
50
50
80
80
4
50
50
80
80
80

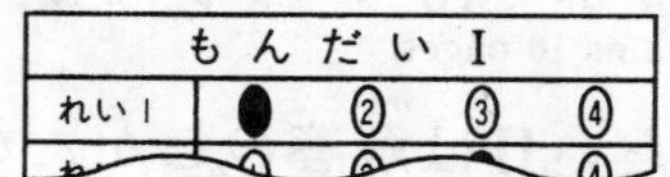

もんだい I
れい 1

れい 2

1. きのうまで

2. きょうまで

3. あしたまで

4. あさってまで

もんだい I				
れい 1	●	②	③	④
れい 2	①	②	●	④

1 ばん

2 ばん

3 ばん

4 ばん

1

2

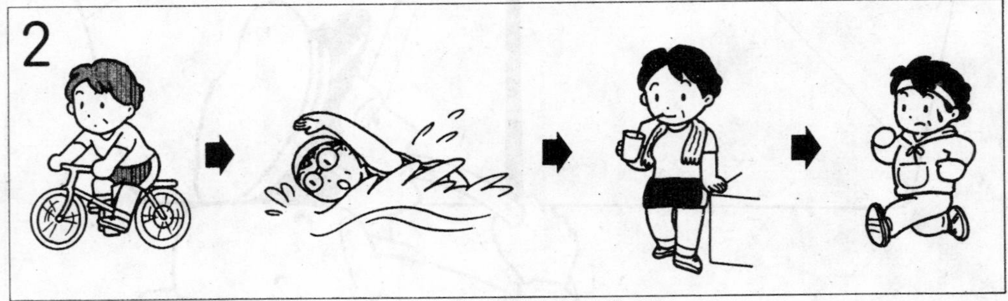

3

4

5 ばん

1 2 3 4

日(にち)	月(げつ)	火(か)	水(すい)	木(もく)	金(きん)	土(ど)
			1	2	③	4
⑤	6	7	8	⑨	⑩	11
12	13	14	15	16	17	18

• • • • • • • •

6 ばん

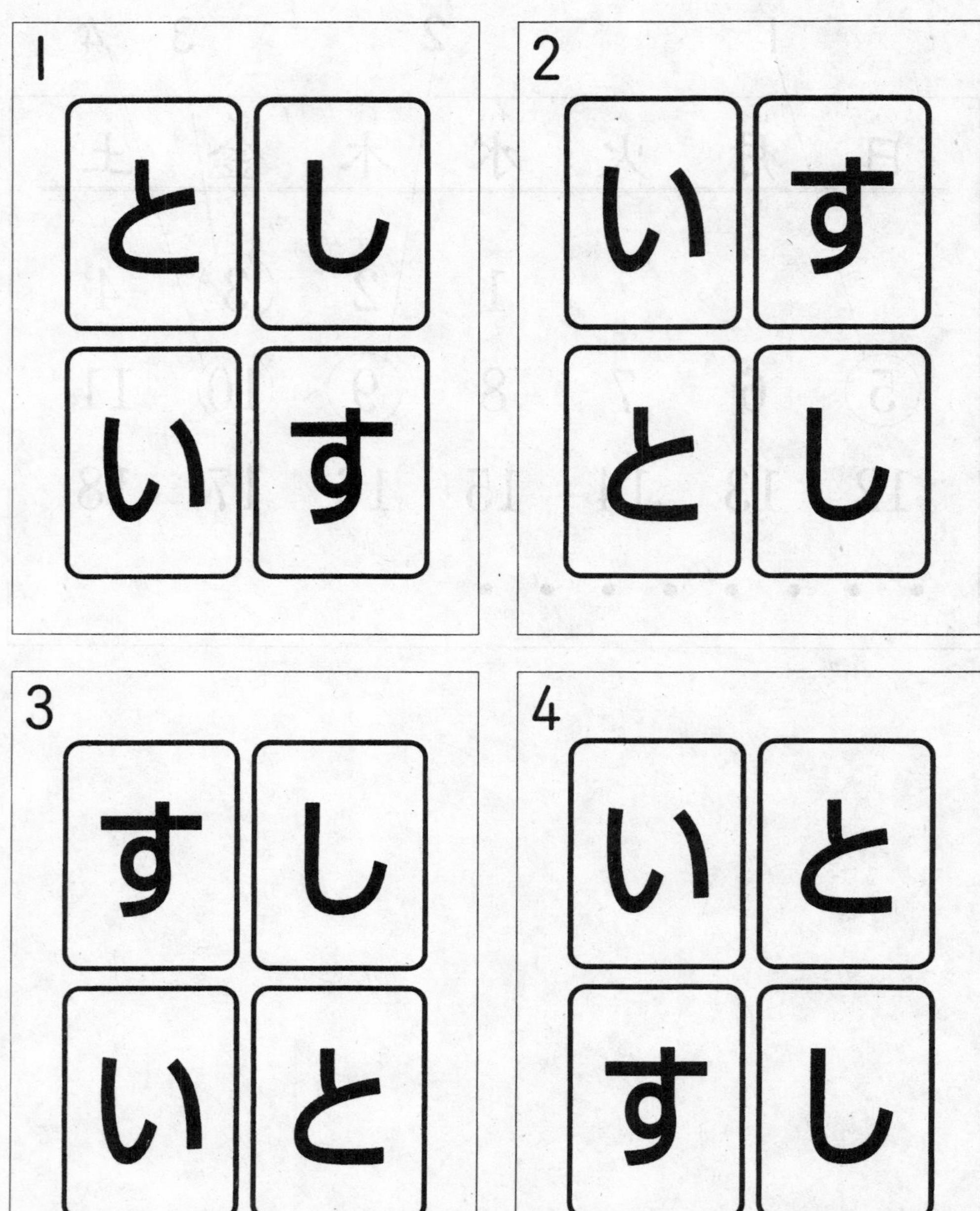

7 ばん

1

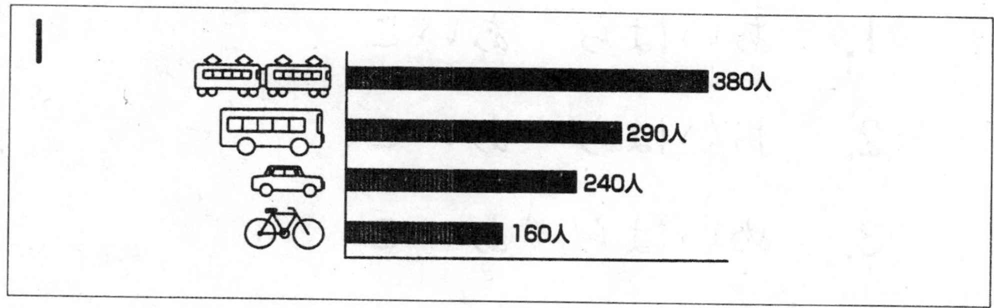
380人
290人
240人
160人

2

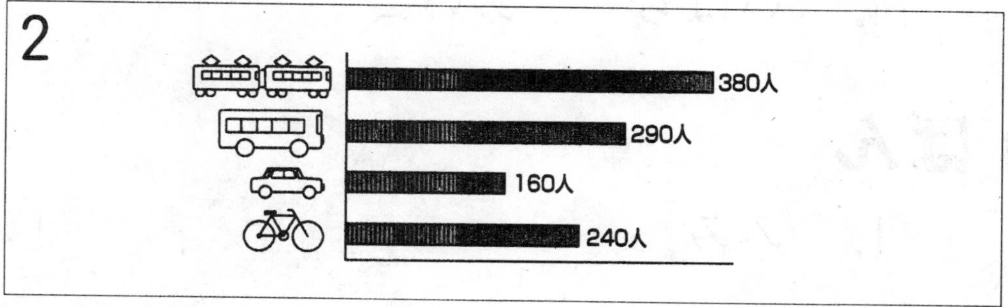
380人
290人
160人
240人

3

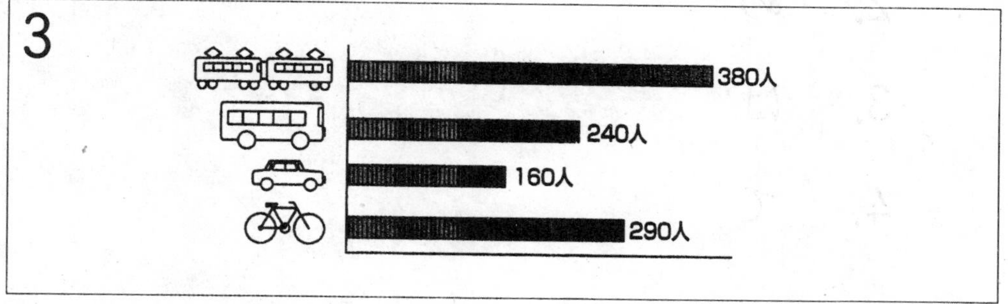
380人
240人
160人
290人

4

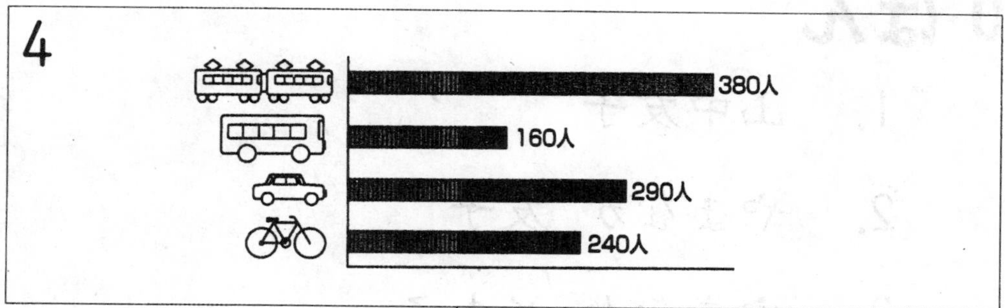
380人
160人
290人
240人

8 ばん

1. あいはら　あいこ
2. おいはら　あいこ
3. めいはら　あいこ
4. いはら　　あいこ

9 ばん

1. みみ
2. め
3. は
4. て

10 ばん

1. 山中友子
2. やまなか 友子
3. やまなか ともこ
4. 山中 ともこ

もんだいII　えなどは　ありません。

れい

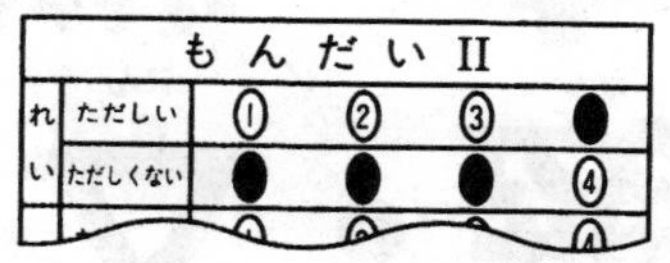

もんだい II					
れ	ただしい	①	②	③	●
い	ただしくない	●	●	●	④

この　ページは　メモに　つかっても　いいです。

問題用紙

(２０００)

４級

読解・文法

(200点　50分)

注意
Notes

1. 試験が始まるまで、この問題用紙を開けないでください。
Do not open this question booklet before the test begins.

2. この問題用紙を持って帰ることはできません。
You are not allowed to keep this question booklet after the test has finished.

3. 受験番号と名前を下の欄に、受験票と同じようにはっきりと書いてください。
Write your registration number and name clearly in each box below. Make sure that the registration number and the name on the question booklet correspond to those on the Test Voucher.

4. この問題用紙は、全部で10ページあります。
This question booklet contains 10 pages.

受験番号 Examinee Registration Number	

名前 Name	

もんだいⅠ　＿＿＿の　ところに　何を　入れますか。1・2・3・4から　いちばん　いい　ものを　一つ　えらびなさい。

（れい）　これ＿＿＿　えんぴつです。

1　に　　2　を　　3　は　　4　や

（かいとうようし）

（れい）	①　②　●　④

(1)　きのう　ここに　だれ＿＿＿　来ましたか。

1　は　　2　に　　3　が　　4　を

(2)　わたしは　山田さん＿＿＿　ここで　まちます。

1　が　　2　を　　3　で　　4　に

(3)　1日＿＿＿　2かい、はを　みがきます。

1　に　　2　で　　3　と　　4　の

(4)　テーブルの　上に　みかん＿＿＿　りんごが　あります。

1　が　　2　も　　3　を　　4　や

(5)　母＿＿＿　だいどころに　います。

1　に　　2　を　　3　は　　4　で

(6)　その　ことを　だれ＿＿＿　聞きましたか。

1　で　　2　を　　3　は　　4　に

(7)　そうじを　しました。せんたく＿＿＿　おわりました。

1　の　　2　に　　3　も　　4　と

(8) 田中(たなか)さん_____ おととい あいました。

1 には　　2 では　　3 へは　　4 のは

(9) その かばん_____、きのう かいました。

1 は　　2 の　　3 に　　4 が

(10) だれ_____、山川(やまかわ)さんの 電話(でんわ)ばんごうを おしえて ください。

1 か　　2 が　　3 は　　4 に

(11) ゆうびんきょくは、レストランの 右(みぎ)です_____、左(ひだり)です_____。

1 ね / ね　　2 が / が　　3 か / か　　4 よ / よ

(12) 火(か)よう日(び)_____ きょうまで テストが ありました。

1 だけ　　2 から　　3 は　　4 に

(13) わたしの かぞくは、ぜんぶ_____ 8人(にん)です。

1 が　　2 の　　3 を　　4 で

(14) じてんしゃ_____ のって かいものに 行(い)きました。

1 に　　2 で　　3 を　　4 が

(15) 雨(あめ)_____ 川(かわ)の 水(みず)が きたなく なりました。

1 は　　2 で　　3 の　　4 に

もんだいII ＿＿＿の ところに 何(なに)を 入(い)れますか。1・2・3・4から いちばん いい ものを 一(ひと)つ えらびなさい。

(1) この へやは ＿＿＿ ありませんが、きれいです。

1 あたらしく　　2 あたらしい

3 あたらしいでは　　4 あたらしくては

(2) きのうは あまり ＿＿＿です。

1 あつかった　　2 あついかった

3 あつくなかった　　4 あついじゃなかった

(3) まどから ＿＿＿ かぜが 入(はい)りますよ。

1 すずしい　2 すずしいの　3 すずしいな　4 すずしくて

(4) もう ちょっと ＿＿＿を、見(み)せて ください。

1 やすいな　2 やすいも　3 やすいの　4 やすくて

(5) あねは ピアノが じょうず＿＿＿。

1 はなかったです　　2 ではないでした

3 くなかったです　　4 ではありませんでした

(6) この まちは ＿＿＿ べんりな ところです。

1 にぎやか　2 にぎやかだ　3 にぎやかで　4 にぎやかの

(7) じしょを ＿＿＿ かんじを おぼえます。

1 見(み)る　2 見て　3 見た　4 見に

(8) あさは いそがしくて しんぶんは ＿＿＿。

1 読(よ)みた　2 読んだ　3 読みない　4 読まない

(9) パンを　半分に　＿＿＿＿　ください。

1 きて　　2 きって　　3 きりて　　4 きらって

(10) 子どもが　ねて　いるから、大きい　こえで　＿＿＿＿ね。

1 うたいないで　　2 うたうないで

3 うたわなくて　　4 うたわないで

(11) わたしは　げんかんの　ドア＿＿＿＿。

1 が　あいた　　2 が　あけた　　3 を　あいた　　4 を　あけた

(12) そこの　つくえに　ボールペンが　＿＿＿＿。

1 おきます　　2 おきて　あります

3 おいて　います　　4 おいて　あります

(13) 子どもたちは　もう　こうえんに　＿＿＿＿から、うちには　いません。

1 行く　　2 行った　　3 行って　　4 行かなかった

(14) じゅぎょう中だから、＿＿＿＿　して　ください。

1 しずかに　　2 しずかで　　3 しずかだ　　4 しずかな

(15) わたしは　さくぶんを　＿＿＿＿　とき、いつも　ペンを　つかいます。

1 書いた　　2 書いて　　3 書く　　4 書きに

もんだいIII ＿＿＿の ところに 何を 入れますか。1・2・3・4から いちばん いい ものを 一つ えらびなさい。

(1) お母さんは ＿＿＿ 電車で 来ますか。

1 どの　　2 どれ　　3 どこ　　4 どちら

(2) ここが あなた＿＿＿の へやです。

1 など　　2 ごろ　　3 ほど　　4 がた

(3) けさ、何時＿＿＿ かいしゃに つきましたか。

1 まで　　2 でも　　3 ごろ　　4 ぐらい

(4) お国は ＿＿＿ですか。

1 何　　2 どの　　3 どこか　　4 どちら

(5) 1年に ＿＿＿ぐらい ゆきが ふりますか。

1 どこ　　2 どの　　3 どう　　4 どんな

(6) かぜが ＿＿＿から まどを しめました。

1 つよく しました　　2 つよく なりました

3 つよいに しました　　4 つよいに なりました

もんだいIV　どの　こたえが　いちばん　いいですか。1・2・3・4から いちばん　いい　ものを　一つ　えらびなさい。

(1)　A「どうぞ　はいって　ください。」

B「では、＿＿＿＿＿＿。」

1 しつれいです　　2 しつれいでした

3 しつれいします　　4 しつれいしました

(2)　A「しゅくだいは　もう　出しましたか。」

B「いいえ。きのう　しゅくだいが　ありましたか。わたしは ＿＿＿＿＿＿。」

1 おぼえません　　2 しりませんでした

3 おぼえませんでした　　4 しって　いませんでした

(3)　A「コーヒーは、いかがですか。」

B「はい、＿＿＿＿＿＿。」

1 どういたしまして　　2 いただきます

3 いらっしゃいませ　　4 こちらこそ

(4)　A「あした　いっしょに　テニスを　しませんか。」

B「ええ、＿＿＿＿＿＿。」

1 しません　　2 そうです　　3 しましょう　　4 そうしません

もんだいV　つぎの　（ア）から　（エ）には　何を　入れますか。下の　1・2・3・4から　いちばん　いい　ものを　一つ　えらびなさい。

キム「田中さん、おはようございます。」
田中「おはようございます。」
キム「きのうの　休みには　どこかへ　出かけましたか。」
田中「いいえ。ほんとうは　山へ　行きたかったですが……。」
キム「ああ、きのうは　あさから　（　**ア**　）。」
田中「ええ。ですから　わたしは　一日中　うちで　テレビを　見ていましたよ。」
キム「そうですか。」
田中「キムさんは　（　**イ**　）。」
キム「わたしは　いもうとと　いっしょに　とうきょうの　いろいろな　ところへ　行きました。先週から　わたしの　いもうとが　日本へ　あそびに　（　**ウ**　）。」
田中「ああ、そうですか。」
キム「わたしは　日本へ　来てから　毎日　しごとで　いそがしかったです。ですから　今まで　とうきょうの　いろいろな　ところを　見る　時間が　ありませんでした。」
田中「そうですか。」
キム「きのうは　いもうとと　かいものを　したり　レストランで　ごはんを　食べたり　して、とても　たのしかったです。いもうとは　こんばん　国へ　かえります。」
田中「そうですか。じゃ、いもうとさんが　（　**エ**　）、いっしょに　山へ　行きませんか。」

(**ア**)　1 雨(あめ)でしたね　　2 いい 天気(てんき)でしたね

3 はれて いましたね　　4 すこし くもって いましたね

(**イ**)　1 何(なに)を して 行(い)きましたか

2 何を して いましたか

3 何を しに 行きましたか

4 何を しに いましたか

(**ウ**)　1 来(き)ます　　2 来て います

3 来(く)るでしょう　　4 来て ください

(**エ**)　1 かえる 前(まえ)に　　2 かえりながら

3 かえったから　　4 かえった 後(あと)で

もんだいVI　つぎの　ぶんを　読んで、しつもんに　こたえなさい。
こたえは　1・2・3・4から　いちばん　いい　ものを　一つ　えらびなさい。

(1)

ヤンさんへ

きょうは　先に　かえります。
ヤンさんに　かりた　ノートは　あした　もって　きます。
それから　わたしの　本は、まだ　つかいませんから
どうぞ　ゆっくり　読んで　ください。

9／4　大川　ひろし

【しつもん】　大川さんは　あした　何を　すると　書いて　ありますか。

1　本を　読みます。
2　ノートを　かります。
3　ノートを　かえします。
4　本と　ノートを　つかいます。

(2)　大木「山下さんは　どうやって　うちへ　かえりますか。」
山下「たいてい　あるいて　かえりますが、きょうは　おそいから
バスか　タクシーに　のります。」
大木「でも　この　時間、バスは　もう　ありませんよ。わたしの
車で　いっしょに　どうぞ。」
山下「そうですか。じゃあ、おねがいします。」

【しつもん】　山下さんは　きょう、どうやって　かえりますか。

1　車で　かえります。
2　バスで　かえります。
3　あるいて　かえります。
4　タクシーで　かえります。

(3)　おととい の　よる　12時(じ)まで　友(とも)だちと　おさけを　のみました。

きのうは　あさごはんを　食(た)べないで　かいしゃへ　行(い)きました。

あさから　おなかが　いたくて　げんきでは　ありませんでした。

【しつもん】　ただしい　ものは　どれですか。

1　きのうは　よる　12時まで　おさけを　のみました。

2　きのうは　あさごはんを　食べませんでした。

3　おとといは　げんきでは　ありませんでした。

4　おとといは　あさから　おなかが　いたかったです。

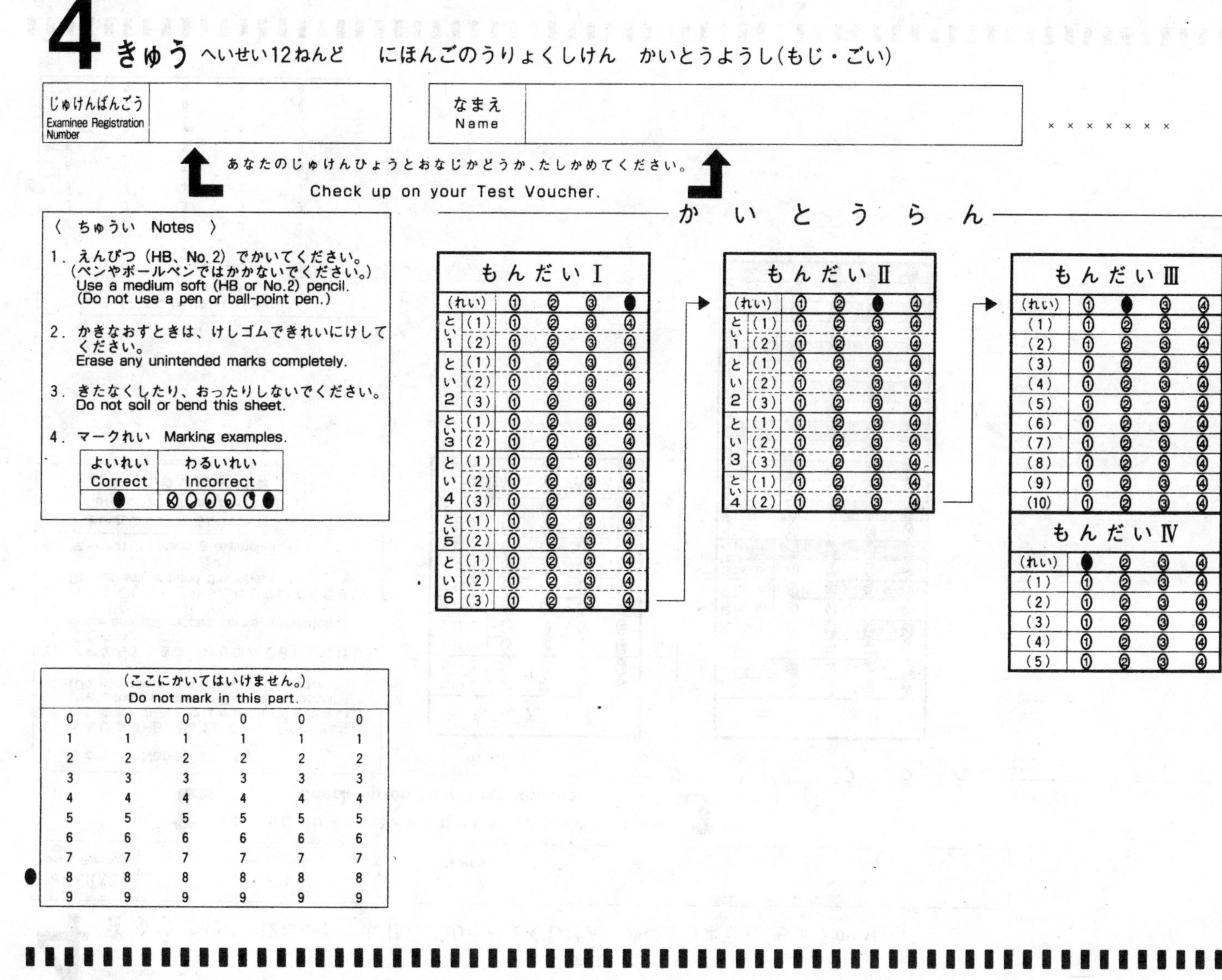

4 きゅう へいせい12ねんど　にほんごのうりょくしけん　かいとうようし(もじ・ごい)

じゅけんばんごう Examinee Registration Number		なまえ Name	

あなたのじゅけんひょうとおなじかどうか、たしかめてください。
Check up on your Test Voucher.

〈 ちゅうい　Notes 〉

1．えんぴつ（HB、No.2）でかいてください。
（ペンやボールペンではかかないでください。）
Use a medium soft (HB or No.2) pencil.
(Do not use a pen or ball-point pen.)

2．かきなおすときは、けしゴムできれいにけしてください。
Erase any unintended marks completely.

3．きたなくしたり、おったりしないでください。
Do not soil or bend this sheet.

4．マークれい　Marking examples.

よいれい Correct	わるいれい Incorrect
●	⊗ ⊘ ⦶ ⦸ ◐ ●

（ここにかいてはいけません。）
Do not mark in this part.

0	0	0	0	0	0
1	1	1	1	1	1
2	2	2	2	2	2
3	3	3	3	3	3
4	4	4	4	4	4
5	5	5	5	5	5
6	6	6	6	6	6
7	7	7	7	7	7
8	8	8	8	8	8
9	9	9	9	9	9

かいとうらん

もんだいⅠ

(れい)		①	②	③	●
とい1	(1)	①	②	③	④
	(2)	①	②	③	④
とい2	(1)	①	②	③	④
	(2)	①	②	③	④
	(3)	①	②	③	④
とい3	(1)	①	②	③	④
	(2)	①	②	③	④
とい4	(1)	①	②	③	④
	(2)	①	②	③	④
	(3)	①	②	③	④
とい5	(1)	①	②	③	④
	(2)	①	②	③	④
とい6	(1)	①	②	③	④
	(2)	①	②	③	④
	(3)	①	②	③	④

もんだいⅡ

(れい)		①	②	●	④
とい1	(1)	①	②	③	④
	(2)	①	②	③	④
とい2	(1)	①	②	③	④
	(2)	①	②	③	④
	(3)	①	②	③	④
とい3	(1)	①	②	③	④
	(2)	①	②	③	④
	(3)	①	②	③	④
とい4	(1)	①	②	③	④
	(2)	①	②	③	④

もんだいⅢ

(れい)	①	●	③	④
(1)	①	②	③	④
(2)	①	②	③	④
(3)	①	②	③	④
(4)	①	②	③	④
(5)	①	②	③	④
(6)	①	②	③	④
(7)	①	②	③	④
(8)	①	②	③	④
(9)	①	②	③	④
(10)	①	②	③	④

もんだいⅣ

(れい)	●	②	③	④
(1)	①	②	③	④
(2)	①	②	③	④
(3)	①	②	③	④
(4)	①	②	③	④
(5)	①	②	③	④

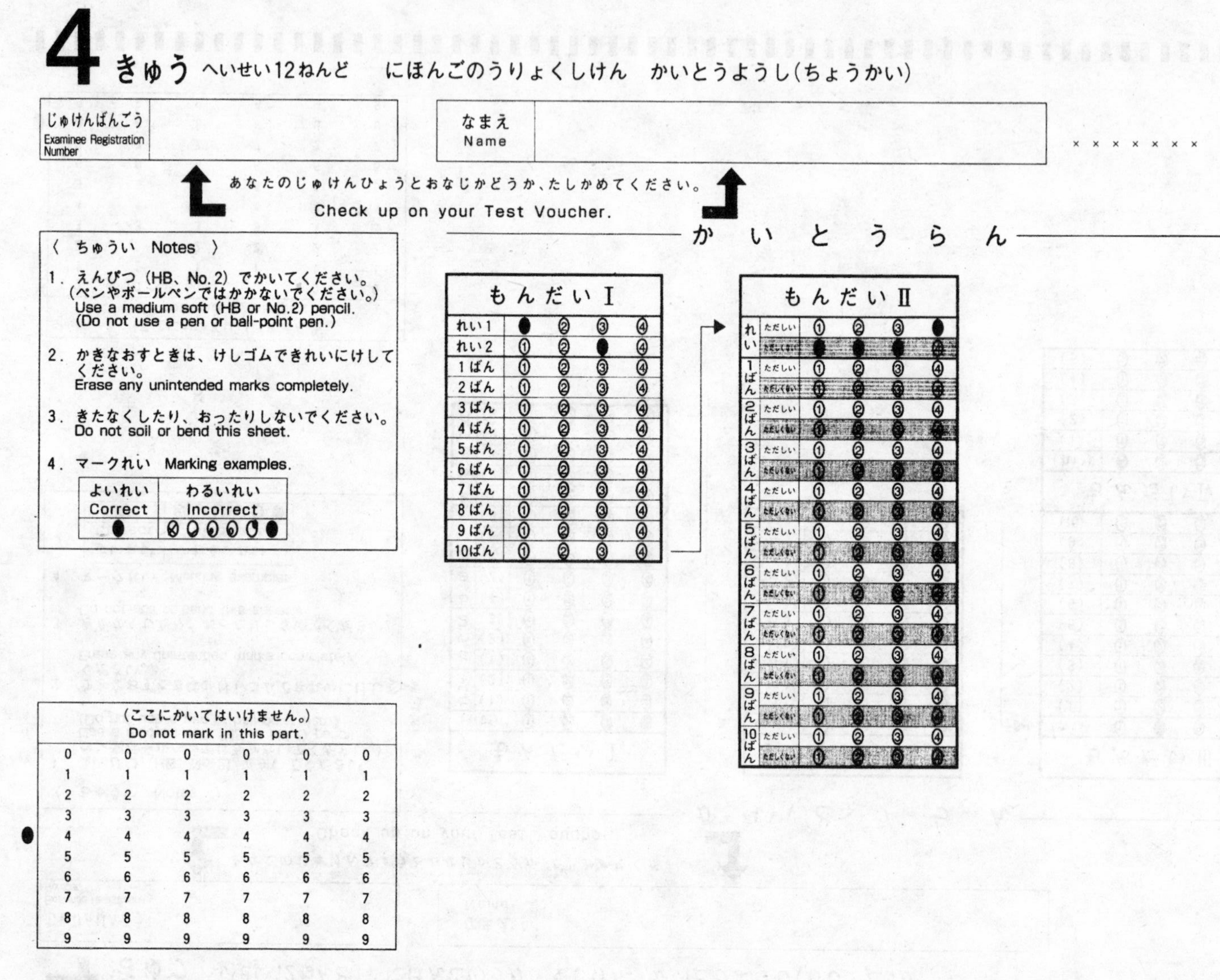

4きゅう へいせい12ねんど　にほんごのうりょくしけん　かいとうようし(ちょうかい)

じゅけんばんごう Examinee Registration Number	

なまえ Name	

××××××××

あなたのじゅけんひょうとおなじかどうか、たしかめてください。

Check up on your Test Voucher.

〈 ちゅうい　Notes 〉

1. えんぴつ (HB、No.2) でかいてください。
(ペンやボールペンではかかないでください。)
Use a medium soft (HB or No.2) pencil.
(Do not use a pen or ball-point pen.)
2. かきなおすときは、けしゴムできれいにけしてください。
Erase any unintended marks completely.
3. きたなくしたり、おったりしないでください。
Do not soil or bend this sheet.
4. マークれい　Marking examples.

よいれい Correct	わるいれい Incorrect
●	⊗ ⊘ ◐ ◑ ○ ●

(ここにかいてはいけません。)
Do not mark in this part.

0	0	0	0	0	0
1	1	1	1	1	1
2	2	2	2	2	2
3	3	3	3	3	3
4	4	4	4	4	4
5	5	5	5	5	5
6	6	6	6	6	6
7	7	7	7	7	7
8	8	8	8	8	8
9	9	9	9	9	9

かいとうらん

もんだいⅠ

れい1	●	②	③	④
れい2	①	②	●	④
1ばん	①	②	③	④
2ばん	①	②	③	④
3ばん	①	②	③	④
4ばん	①	②	③	④
5ばん	①	②	③	④
6ばん	①	②	③	④
7ばん	①	②	③	④
8ばん	①	②	③	④
9ばん	①	②	③	④
10ばん	①	②	③	④

もんだいⅡ

れい	ただしい	①	②	③	●
	ただしくない	●	●	●	④
1ばん	ただしい	①	②	③	④
	ただしくない	①	②	③	④
2ばん	ただしい	①	②	③	④
	ただしくない	①	②	③	④
3ばん	ただしい	①	②	③	④
	ただしくない	①	②	③	④
4ばん	ただしい	①	②	③	④
	ただしくない	①	②	③	④
5ばん	ただしい	①	②	③	④
	ただしくない	①	②	③	④
6ばん	ただしい	①	②	③	④
	ただしくない	①	②	③	④
7ばん	ただしい	①	②	③	④
	ただしくない	①	②	③	④
8ばん	ただしい	①	②	③	④
	ただしくない	①	②	③	④
9ばん	ただしい	①	②	③	④
	ただしくない	①	②	③	④
10ばん	ただしい	①	②	③	④
	ただしくない	①	②	③	④

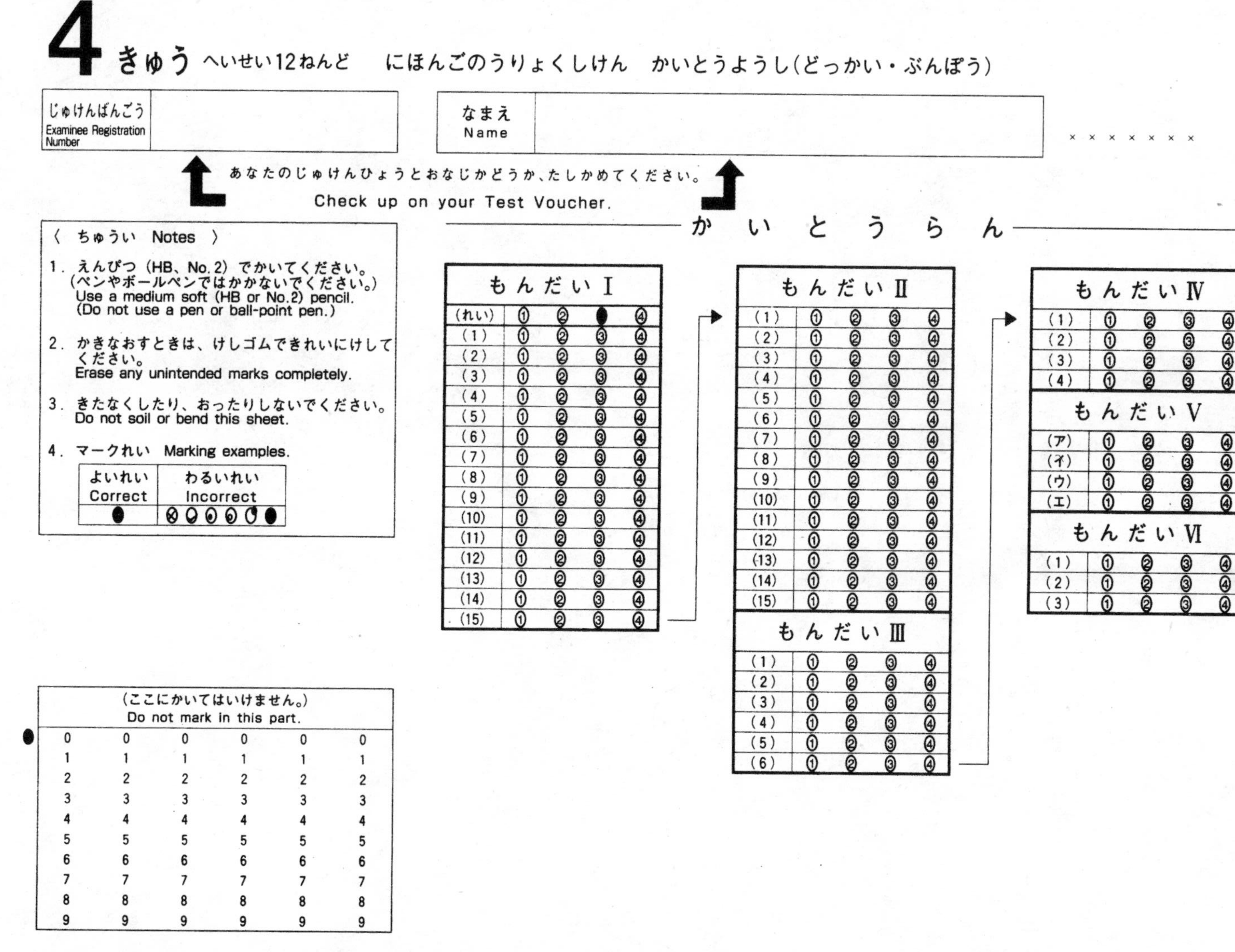

4きゅう へいせい12ねんど　にほんごのうりょくしけん　かいとうようし（どっかい・ぶんぽう）

じゅけんばんごう Examinee Registration Number	

なまえ Name	

あなたのじゅけんひょうとおなじかどうか、たしかめてください。
Check up on your Test Voucher.

〈　ちゅうい　Notes　〉

1. えんぴつ（HB、No. 2）でかいてください。（ペンやボールペンではかかないでください。）Use a medium soft (HB or No.2) pencil. (Do not use a pen or ball-point pen.)
2. かきなおすときは、けしゴムできれいにけしてください。Erase any unintended marks completely.
3. きたなくしたり、おったりしないでください。Do not soil or bend this sheet.
4. マークれい　Marking examples.

よいれい Correct	わるいれい Incorrect
●	⊗ ◐ ◑ ◒ ◔ ●

（ここにかいてはいけません。）
Do not mark in this part.

0	0	0	0	0	0
1	1	1	1	1	1
2	2	2	2	2	2
3	3	3	3	3	3
4	4	4	4	4	4
5	5	5	5	5	5
6	6	6	6	6	6
7	7	7	7	7	7
8	8	8	8	8	8
9	9	9	9	9	9

か　い　と　う　ら　ん

もんだい I				
(れい)	①	②	●	④
(1)	①	②	③	④
(2)	①	②	③	④
(3)	①	②	③	④
(4)	①	②	③	④
(5)	①	②	③	④
(6)	①	②	③	④
(7)	①	②	③	④
(8)	①	②	③	④
(9)	①	②	③	④
(10)	①	②	③	④
(11)	①	②	③	④
(12)	①	②	③	④
(13)	①	②	③	④
(14)	①	②	③	④
(15)	①	②	③	④

もんだい II				
(1)	①	②	③	④
(2)	①	②	③	④
(3)	①	②	③	④
(4)	①	②	③	④
(5)	①	②	③	④
(6)	①	②	③	④
(7)	①	②	③	④
(8)	①	②	③	④
(9)	①	②	③	④
(10)	①	②	③	④
(11)	①	②	③	④
(12)	①	②	③	④
(13)	①	②	③	④
(14)	①	②	③	④
(15)	①	②	③	④

もんだい III				
(1)	①	②	③	④
(2)	①	②	③	④
(3)	①	②	③	④
(4)	①	②	③	④
(5)	①	②	③	④
(6)	①	②	③	④

もんだい IV				
(1)	①	②	③	④
(2)	①	②	③	④
(3)	①	②	③	④
(4)	①	②	③	④

もんだい V				
(ア)	①	②	③	④
(イ)	①	②	③	④
(ウ)	①	②	③	④
(エ)	①	②	③	④

もんだい VI				
(1)	①	②	③	④
(2)	①	②	③	④
(3)	①	②	③	④

2006年　4級　正解と配点

〈もじ・ごい〉

もんだいⅠ

とい1		とい2		とい3			とい4		とい5		とい6		とい7	
1	**2**	**3**	**4**	**5**	**6**	**7**	**8**	**9**	**10**	**11**	**12**	**13**	**14**	**15**
4	3	1	4	2	3	3	2	1	4	1	2	1	3	2

1×15=15

もんだいⅡ

とい1		とい2		とい3		とい4		とい5	
16	**17**	**18**	**19**	**20**	**21**	**22**	**23**	**24**	**25**
1	4	2	4	3	1	2	2	3	4

1×10=10

もんだいⅢ

26	**27**	**28**	**29**	**30**	**31**	**32**	**33**	**34**	**35**
1	3	4	1	3	2	4	2	1	4

2×10=20

もんだいⅣ

36	**37**	**38**	**39**	**40**
4	3	1	2	3

2×5=10

配点　100点満点での得点への換算式：〈問題別配点による合計得点〉÷55×100　　合計 40問 55点

〈ちょうかい〉

もんだいⅠ

1	**2**	**3**	**4**	**5**	**6**	**7**	**8**	**9**
2	2	1	4	1	3	3	4	3

1×9=9

もんだいⅡ

1	**2**	**3**	**4**	**5**	**6**	**7**	**8**
3	4	3	3	3	2	2	4

1×8=8

配点　100点満点での得点への換算式：〈問題別配点による合計得点〉÷17×100　　合計 17問 17点

〈どっかい・ぶんぽう〉

もんだいⅠ

1	2	3	4	5	6	7	8	9	10	11	12	13	14	15
3	2	4	1	1	1	4	2	4	1	3	2	1	3	4

2×15＝30

もんだいⅡ

16	17	18	19	20	21	22	23	24	25	26	27	28	29	30
4	2	2	3	1	4	2	1	3	2	4	1	3	2	3

2×15＝30

もんだいⅢ

31	32	33	34	35	36
1	4	3	3	4	2

2×6＝12

もんだいⅣ

37	38	39	40
3	3	2	1

3×4＝12

もんだいⅤ

41	42	43	44
1	2	4	3

4×4＝16

もんだいⅥ

45	46	47
4	2	1

4×3＝12

配点　200点満点での得点への換算式：〈問題別配点による合計得点〉÷112×200　　合計 47問 112点

（注）換算した得点は小数点以下第一位を四捨五入する。

2005年　4級　正解と配点

〈もじ・ごい〉

もんだいⅠ

とい1		とい2			とい3		とい4		とい5		とい6		とい7	
1	**2**	**3**	**4**	**5**	**6**	**7**	**8**	**9**	**10**	**11**	**12**	**13**	**14**	**15**
4	2	4	1	2	3	3	2	1	4	3	1	4	1	4

1×15＝15

もんだいⅡ

とい1		とい2		とい3		とい4		とい5	
16	**17**	**18**	**19**	**20**	**21**	**22**	**23**	**24**	**25**
4	2	1	1	2	4	2	3	3	3

1×10＝10

もんだいⅢ

26	**27**	**28**	**29**	**30**	**31**	**32**	**33**	**34**	**35**
1	2	4	1	3	3	2	4	3	2

2×10＝20

もんだいⅣ

36	**37**	**38**	**39**	**40**
3	2	4	1	4

2×5＝10

配点　100点満点での得点への換算式：〈問題別配点による合計得点〉÷55×100　　合計 40問 55点

〈ちょうかい〉

もんだいⅠ

1	**2**	**3**	**4**	**5**	**6**	**7**	**8**	**9**
4	4	3	1	1	2	1	1	2

1×9＝9

もんだいⅡ

1	**2**	**3**	**4**	**5**	**6**	**7**	**8**
1	1	3	4	2	3	4	4

1×8＝8

配点　100点満点での得点への換算式：〈問題別配点による合計得点〉÷17×100　　合計 17問 17点

〈どっかい・ぶんぽう〉

もんだいⅠ

1	2	3	4	5	6	7	8	9	10	11	12	13	14	15
1	3	2	1	4	2	2	1	3	4	4	2	3	1	4

2×15＝30

もんだいⅡ

16	17	18	19	20	21	22	23	24	25	26	27	28	29	30
4	2	4	1	3	1	4	2	3	4	3	1	2	3	1

2×15＝30

もんだいⅢ

31	32	33	34	35	36
2	4	1	1	3	2

2×6＝12

もんだいⅣ

37	38	39	40
3	3	2	4

3×4＝12

もんだいⅤ

41	42	43	44
1	4	1	2

4×4＝16

もんだいⅥ

45	46	47
4	3	2

4×3＝12

配点　200点満点での得点への換算式：〈問題別配点による合計得点〉÷112×200　　合計 47問 112点

（注）換算した得点は小数点以下第一位を四捨五入する。

2004年　4級　正解と配点

〈もじ・ごい〉

もんだいⅠ

とい1			とい2		とい3		とい4		とい5			とい6		
1	**2**	**3**	**4**	**5**	**6**	**7**	**8**	**9**	**10**	**11**	**12**	**13**	**14**	**15**
2	2	2	4	3	4	2	2	1	2	3	3	3	1	3

1×15＝15

もんだいⅡ

とい1		とい2		とい3		とい4		とい5	
16	**17**	**18**	**19**	**20**	**21**	**22**	**23**	**24**	**25**
4	4	2	3	4	1	1	4	3	4

1×10＝10

もんだいⅢ

26	**27**	**28**	**29**	**30**	**31**	**32**	**33**	**34**	**35**
4	3	3	4	1	4	2	3	1	1

2×10＝20

もんだいⅣ

36	**37**	**38**	**39**	**40**
4	2	1	3	1

2×5＝10

配点　100点満点での得点への換算式：〈問題別配点による合計得点〉÷55×100　　合計 40問 55点

〈ちょうかい〉

もんだいⅠ

1	**2**	**3**	**4**	**5**	**6**	**7**	**8**	**9**	**10**
4	1	4	2	4	2	4	4	3	3

1×10＝10

もんだいⅡ

1	**2**	**3**	**4**	**5**	**6**	**7**	**8**
1	3	4	2	1	3	4	4

1×8＝8

配点　100点満点での得点への換算式：〈問題別配点による合計得点〉÷18×100　　合計 18問 18点

〈どっかい・ぶんぽう〉

もんだいⅠ

1	2	3	4	5	6	7	8	9	10	11	12	13	14	15
2	3	1	4	3	4	3	2	1	3	4	1	2	1	4

2×15=30

もんだいⅡ

16	17	18	19	20	21	22	23	24	25	26	27	28	29	30
1	3	4	4	2	1	2	1	2	1	3	4	4	2	3

2×15=30

もんだいⅢ

31	32	33	34	35	36
3	2	2	4	1	3

2×6=12

もんだいⅣ

37	38	39	40
2	4	3	1

3×4=12

もんだいⅤ

41	42	43	44
2	1	3	4

4×4=16

もんだいⅥ

45	46	47
4	1	3

4×3=12

配点（はいてん）　200点満点（てんまんてん）での得点（とくてん）への換算式（かんさんしき）：〈問題別配点（もんだいべつはいてん）による合計得点（ごうけいとくてん）〉÷112×200　　合計（ごうけい）47問（もん）112点（てん）

（注（ちゅう））換算（かんさん）した得点（とくてん）は小数点以下第一位（しょうすうてんいかだいいちい）を四捨五入（ししゃごにゅう）する。

2003年　4級　正解と配点

〈文字・語彙〉

もんだいⅠ

とい1			とい2		とい3		とい4		
1	**2**	**3**	**4**	**5**	**6**	**7**	**8**	**9**	**10**
1	3	2	3	4	1	2	2	3	1

とい5			とい6	
11	**12**	**13**	**14**	**15**
1	3	2	4	4

1×15＝15

もんだいⅡ

とい1				とい2		とい3		とい4	
16	**17**	**18**	**19**	**20**	**21**	**22**	**23**	**24**	**25**
1	1	2	4	2	4	3	4	2	1

1×10＝10

もんだいⅢ

26	**27**	**28**	**29**	**30**	**31**	**32**	**33**	**34**	**35**
4	3	4	1	1	1	3	4	2	4

2×10＝20

もんだいⅣ

36	**37**	**38**	**39**	**40**
2	1	4	3	2

2×5＝10

配点　100点満点での得点への換算式：〈問題別配点による合計得点〉÷55×100　　**合計 40問 55点**

〈聴　解〉

もんだいⅠ

1ばん	**2ばん**	**3ばん**	**4ばん**	**5ばん**	**6ばん**	**7ばん**	**8ばん**
3	3	2	3	1	2	4	2

9ばん	**10ばん**	**11ばん**
2	4	3

1×11＝11

もんだいⅡ

1ばん	**2ばん**	**3ばん**	**4ばん**	**5ばん**	**6ばん**	**7ばん**	**8ばん**	**9ばん**	**10ばん**
3	4	1	2	2	1	3	4	4	1

1×10＝10

配点　100点満点での得点への換算式：〈問題別配点による合計得点〉÷21×100　　**合計 21問 21点**

〈読解・文法〉

もんだいⅠ

1	2	3	4	5	6	7	8
2	4	4	3	2	4	3	1
9	**10**	**11**	**12**	**13**	**14**	**15**	
1	3	3	2	4	2	4	

2×15＝30

もんだいⅡ

16	17	18	19	20	21	22	23	24
2	2	3	2	3	3	1	4	1
25	**26**	**27**	**28**	**29**	**30**			
4	3	1	1	3	2			

2×15＝30

もんだいⅢ

31	32	33	34	35	36
3	2	4	1	1	4

2×6＝12

もんだいⅣ

37	38	39	40
1	3	2	4

3×4＝12

もんだいⅤ

(1)			(2)
41	**42**	**43**	**44**
4	1	2	3

4×4＝16

もんだいⅥ

45	46	47
4	1	1

4×3＝12

配点　200点満点での得点への換算式：〈問題別配点による合計得点〉÷112×200　　合計 47問 112点

（注）換算した得点は小数点以下第一位を四捨五入する。

2002年　4級　正解と配点

〈文字・語彙〉

もんだいⅠ

れい	とい1			とい2		とい3		
	(1)	(2)	(3)	(1)	(2)	(1)	(2)	(3)
4	3	3	4	2	1	4	1	2

とい4			とい5		とい6	
(1)	(2)	(3)	(1)	(2)	(1)	(2)
3	2	1	3	1	2	4

1×15=15

もんだいⅡ

れい	とい1				とい2		とい3	
	(1)	(2)	(3)	(4)	(1)	(2)	(1)	(2)
2	2	3	1	4	2	1	3	4

とい4	
(1)	(2)
1	4

1×10=10

もんだいⅢ

れい	(1)	(2)	(3)	(4)	(5)	(6)	(7)	(8)	(9)	(10)
1	2	1	3	1	4	4	1	3	3	2

2×10=20

もんだいⅣ

れい	(1)	(2)	(3)	(4)	(5)
1	4	3	4	1	2

2×5=10

配点　100点満点での得点への換算式：〈問題別配点による合計得点〉÷55×100　　**合計 40問 55点**

〈聴　解〉

もんだいⅠ

れい1	れい2	1ばん	2ばん	3ばん	4ばん	5ばん	6ばん	7ばん	8ばん
1	3	1	1	1	2	2	2	2	4

9ばん	10ばん
3	4

1×10=10

もんだいⅡ

れい	1ばん	2ばん	3ばん	4ばん	5ばん	6ばん	7ばん	8ばん	9ばん
4	3	2	4	2	4	2	2	1	3

10ばん
4

1×10=10

配点　100点満点での得点への換算式：〈問題別配点による合計得点〉÷20×100　　**合計 20問 20点**

〈読解・文法〉

もんだいⅠ

れい	(1)	(2)	(3)	(4)	(5)	(6)	(7)	(8)
3	2	3	1	4	2	4	1	3

(9)	(10)	(11)	(12)	(13)	(14)	(15)
3	4	2	4	2	3	1

2×15＝30

もんだいⅡ

(1)	(2)	(3)	(4)	(5)	(6)	(7)	(8)	(9)
2	2	1	3	2	1	3	1	4

(10)	(11)	(12)	(13)	(14)	(15)
4	2	1	4	3	4

2×15＝30

もんだいⅢ

(1)	(2)	(3)	(4)	(5)
2	4	3	1	3

2×5＝10

もんだいⅣ

(1)	(2)	(3)	(4)	(5)
3	1	1	2	4

3×5＝15

もんだいⅤ

(1)			(2)
（ア）	（イ）	（ウ）	
2	1	3	4

4×4＝16

もんだいⅥ

(1)	(2)	(3)
2	1	4

4×3＝12

配点 200点満点での得点への換算式：〈問題別配点による合計得点〉÷113×200 **合計 47問 113点**

(注) 換算した得点は小数点以下第一位を四捨五入する。

2001年　4級　正解と配点

〈文字・語彙〉

もんだいⅠ

とい1		とい2		とい3			とい4		
(1)	(2)	(1)	(2)	(1)	(2)	(3)	(1)	(2)	(3)
1	4	2	3	2	1	4	4	2	3

とい5			とい6	
(1)	(2)	(3)	(1)	(2)
3	4	4	3	4

もんだいⅡ

とい1		とい2		とい3			とい4		
(1)	(2)	(1)	(2)	(1)	(2)	(3)	(1)	(2)	(3)
1	4	1	2	3	2	2	3	2	2

もんだいⅢ

(1)	(2)	(3)	(4)	(5)	(6)	(7)	(8)	(9)	(10)
3	3	1	4	1	1	2	3	4	3

もんだいⅣ

(1)	(2)	(3)	(4)	(5)
2	3	4	1	2

配　点　問題別配点：もんだいⅠ・Ⅱ　各問1点，もんだいⅢ・Ⅳ　各問2点，合計55点
100点満点での得点への換算式：〈問題別配点による合計得点〉÷55×100

〈聴解〉

もんだいⅠ

1ばん	2ばん	3ばん	4ばん	5ばん	6ばん	7ばん	8ばん	9ばん	10ばん
3	2	1	4	2	3	3	1	2	3

もんだいⅡ

1ばん	2ばん	3ばん	4ばん	5ばん	6ばん	7ばん	8ばん	9ばん	10ばん
2	3	4	2	4	3	4	1	1	4

配　点　問題別配点：もんだいⅠ・Ⅱ　各問1点，合計20点
100点満点での得点への換算式：〈問題別配点による合計得点〉÷20×100

〈読解・文法〉

もんだいⅠ

(1)	(2)	(3)	(4)	(5)	(6)	(7)	(8)	(9)	(10)
3	3	1	2	4	3	1	4	3	2

(11)	(12)	(13)	(14)	(15)
1	3	1	2	4

もんだいⅡ

(1)	(2)	(3)	(4)	(5)	(6)	(7)	(8)	(9)	(10)
3	2	4	1	1	2	3	2	1	4

(11)	(12)	(13)	(14)	(15)
4	2	3	2	1

もんだいⅢ

(1)	(2)	(3)	(4)	(5)
3	1	2	4	4

もんだいⅣ

(1)	(2)	(3)	(4)
1	2	4	3

もんだいⅤ

(1)		(2)	(3)
（ア）	（イ）		
2	1	4	2

もんだいⅥ

(1)	(2)	(3)
1	3	4

配　点　問題別配点：もんだいⅠ～Ⅲ　各問２点，もんだいⅣ　各問３点
もんだいⅤ・Ⅵ　各問４点，合計114点
200点満点での得点への換算式：〈問題別配点による合計得点〉÷114×200

（注）換算した得点は小数第1位を四捨五入する。

2000年　4級　正解と配点

〈文字・語彙〉

もんだいⅠ

とい1		とい2			とい3		とい4		
(1)	(2)	(1)	(2)	(3)	(1)	(2)	(1)	(2)	(3)
3	2	2	1	4	1	2	3	3	1

とい5		とい6		
(1)	(2)	(1)	(2)	(3)
4	3	1	4	2

もんだいⅡ

とい1		とい2			とい3			とい4	
(1)	(2)	(1)	(2)	(3)	(1)	(2)	(3)	(1)	(2)
2	3	4	3	1	2	1	3	4	4

もんだいⅢ

(1)	(2)	(3)	(4)	(5)	(6)	(7)	(8)	(9)	(10)
1	3	4	2	3	1	2	3	4	1

もんだいⅣ

(1)	(2)	(3)	(4)	(5)
1	3	4	2	2

配　点　問題別配点：もんだいⅠ・Ⅱ　各問1点，もんだいⅢ・Ⅳ　各問2点，合計55点
100点満点での得点への換算式：〈問題別配点による合計得点〉÷55×100

〈聴解〉

もんだいⅠ

1ばん	2ばん	3ばん	4ばん	5ばん	6ばん	7ばん	8ばん	9ばん	10ばん
2	1	2	3	4	2	2	1	4	4

もんだいⅡ

1ばん	2ばん	3ばん	4ばん	5ばん	6ばん	7ばん	8ばん	9ばん	10ばん
2	1	2	3	1	4	3	4	3	3

配　点　問題別配点：もんだいⅠ・Ⅱ　各問1点，合計20点
100点満点での得点への換算式：〈問題別配点による合計得点〉÷20×100

〈読解・文法〉

もんだいⅠ

(1)	(2)	(3)	(4)	(5)	(6)	(7)	(8)	(9)	(10)
3	2	1	4	3	4	3	1	1	1

(11)	(12)	(13)	(14)	(15)
3	2	4	1	2

もんだいⅡ

(1)	(2)	(3)	(4)	(5)	(6)	(7)	(8)	(9)	(10)
1	3	1	3	4	3	2	4	2	4

(11)	(12)	(13)	(14)	(15)
4	4	2	1	3

もんだいⅢ

(1)	(2)	(3)	(4)	(5)	(6)
1	4	3	4	2	2

もんだいⅣ

(1)	(2)	(3)	(4)
3	2	2	3

もんだいⅤ

(ア)	(イ)	(ウ)	(エ)
1	2	2	4

もんだいⅥ

(1)	(2)	(3)
3	1	2

配　点　問題別配点：もんだいⅠ～Ⅲ　各問2点，もんだいⅣ　各問3点
もんだいⅤ・Ⅵ　各問4点，合計112点
200点満点での得点への換算式：〈問題別配点による合計得点〉÷112×200

(注) 換算した得点は小数第1位を四捨五入する。

2006年　日本語能力試験４級　聴解スクリプト

女性：2006年日本語能力試験聴解４級。これから、４級の聴解試験を始めます。メモをとってもいいです。問題用紙を開けてください。問題用紙のページがないときは、手を上げてください。問題がよく見えないときも、手を上げてください。いつでもいいです。

男性：問題Ｉ

女性：問題用紙を見て、正しい答えを一つ選らんでください。では、練習しましょう。

例1　男の人と女の人が話しています。女の人はどの切手を買いますか。

男性：タンさん、すみませんが、切手を買ってきてください。

女性：はい。

男性：50円切手を３枚と、80円切手を５枚お願いします。

女性：はい。50円３枚と、80円５枚ですね。

男性：はい。

◆　**女の人はどの切手を買いますか。**

正しい答えは、１です。回答用紙の、問題１のところを見てください。

正しい答えは、１ですから、答えはこのように書きます。

もう１つ練習しましょう。

例2　男の人と女の人が話しています。男の人はいつまで休みですか。

男性：やー、昨日も今日もゆっくりしたね。

女性：ええ。あしたも休み？

男性：そう。

女性：あさっては？

男性：あさってからまた会社。

女性：そう、大変ね。

◆　**男の人はいつまで休みですか。**

正しい答えは、３です。解答用紙の、問題１の、例の２のところを見てください。

正しい答えは、３ですから、答えはこのように書きます。

では、始めます。

1番　女の人と男の人が話しています。男の人は来週の日曜日の午後、何をしますか。

女性：ヤンさんは、休みの日はいつも何をしていますか。

男性：休みの日は朝から掃除と洗濯をします。そして、午後は、買い物をしたり、映画を見たりします。

女性：では、来週の日曜日、一緒に映画を見に行きませんか。

男性：あ、すみません。来週の月曜日はテストですから、日曜日の午後はうちで勉強します。

女性：そうですか……。

◆　男の人は来週の日曜日の午後、何をしますか。

2番　女の人と男の人が話しています。女の人の会社は何日から仕事が始まりますか。

女性：田中さんの会社は１月何日から仕事ですか。

男性：４日まで休みで、５日から仕事です。

女性：いいですね。私の会社は火曜日からもう仕事です。休みは２日まででです。

男性：そうですか。

◆　女の人の会社は何日から仕事が始まりますか。

3番　男の人が話しています。写真と名前はどうしますか。

男性：写真は紙の左に貼ってください。それから名前は写真の下に書いてください。

◆　写真と名前はどうしますか。

4番　男の人と女の人が話しています。男の人に電話するときは、何番を押しますか。

男性：田中さんの部屋の番号は何番ですか。

女性：811です。

男性：あ、私の部屋番号は818です。困ったときは電話してください。電話するときは、始めに９を押して、それから、部屋番号を押してください。

女性：分かりました。どうもありがとうございます。

◆　男の人に電話するときは、何番を押しますか。

5番　女の人が話しています。女の人は、どれを見て話していますか。

女性：えー、日本人の大人に、お風呂にどのくらい入るか聞きました。これを見てください。一番多かったのは、「毎日お風呂に入る」と答えた人でした。その次に多かったのが「２日に１回入る」と答えた人で、毎日お風呂に入る人の半分ぐらいでした。

◆　女の人は、どれを見て話していますか。

6番　女の人と男の人が話しています。男の人は、今、何をはいていますか。今です。

女性：あれ。

男性：え？何か？

女性：よく見てください、足。

男性：会社まで靴をはいて来ましたよ。着いてからスリッパをはきました。

女性：スリッパの話じゃありません。右と左、違う靴下をはいていますよ。

男性：あっ。

◆　**男の人は、今、何をはいていますか。**

7番　女の人が話しています。野菜はどうなりますか。

女性：それでは作りましょう。野菜は半分に切ってから、薄く切ってください。それから、水に入れてください。

◆　**野菜はどうなりますか。**

8番　女の人と男の人が病院で話しています。男の人の薬はどれですか。

女性：この薬は寝る前に飲んでください。

男性：はい。

女性：大きいのが２つと小さいのが３つです。

男性：はい。

女性：全部で５つです。

男性：ありがとうございました。

◆　**男の人の薬はどれですか。**

9番　男の人が話しています。男の人はコーヒーに何を入れますか。

男性：わたしは寝る前にコーヒーを飲みます。砂糖を入れません。牛乳を入れて、そのあと少しお酒を入れて飲みます。おいしいですよ。

◆　**男の人はコーヒーに何を入れますか。**

男性：問題Ⅱ

女性：問題Ⅱは絵などがありません。正しい答えを一つ選んでください。

では、一度練習しましょう。

例　男の人と女の人が話しています。あしたは、何日ですか。

男性：あしたは、５日ですよね。

女性：いいえ、違いますよ。今日が５日ですよ。

男性：ああ、そうか。

◆　あしたは、何日ですか。

1. ３日です。

　正しくないですから、下の１を塗ります。

2. ４日です。

　正しくないですから、下の２を塗ります。

3. ５日です。

　正しくないですから、下の３を塗ります。

4. ６日です。

　正しいですから、上の４を塗ります。

では、始めます。

1番　学生と先生が話しています。テストはいつですか。

女性：先生、テストは明日ですか。

男性：いいえ、あさってです。木曜日ですよ。

女性：えー、先生、あさっては水曜日ですけど……。

男性：あっ、本当だ。そうですね、水曜日ですね。この日です。

女性：はい。分かりました。

◆　テストはいつですか。

1. 明日の水曜日です。
2. 明日の木曜日です。
3. あさっての水曜日です。
4. あさっての木曜日です。

2番　女の人と男の人が話しています。男の人はデパートで何を買いますか。

女性：すみません、リーさん、買い物お願いします。

男性：分かりました。

女性：えっと、八百屋で野菜と果物を買ってください。

男性：はい。

女性：それから、デパートで、肉を買ってください。

男性：パンはどうしますか。

女性：そうですね。デパートで買ってください。おいしいパン屋がありますから。

男性：はい、分かりました。じゃあ行ってきます。

◆　男の人はデパートで何を買いますか。

1. 野菜と果物です。

2. 野菜と肉です。

3. パンと果物です。

4. パンと肉です。

3番　男の子が話しています。この男の子はあした何を持っていきますか。

男性：あしたは学校のみんなで出かけるんだよ。勉強しないから鉛筆もノートも要らないの。お弁当は忘れないでくださいって先生が言ってた。飲み物は向こうにお茶があるから。

◆　この男の子はあした、何を持っていきますか。

1. 鉛筆です。

2. ノートです。

3. お弁当です。

4. お茶です。

4番　女の人と男の人が病院で話しています。男の人は毎朝、どの薬を飲みますか。

女性：白いお薬は、1日3回、朝、昼、晩のご飯の後に飲んでください。黄色いお薬は、朝と晩の2回飲んでください。青いお薬は、寝る前に飲んでください。

男性：分かりました。

◆　男の人は、毎朝、どの薬を飲みますか。

1. 白い薬だけです。

2. 黄色い薬だけです。

3. 白い薬と黄色い薬です。

4. 白い薬と黄色い薬と青い薬です。

5番　男の人が話しています。この町は今、どうなりましたか。

男性：50年前、この町はとてもにぎやかな町でした。たくさんの人がこの町に来て、仕事をしました。店も、大きな家も、たくさんありました。しかし今、この町はとても静かになりました。人も少なくなり、多くの店が閉まりました。若い人はみんな他の大きな町へ働きに行き、この町は、年をとった人しか住まない町になりました。

◆　この町は今、どうなりましたか。

1. 人が多くなりました。

2. 店が多くなりました。

3. 若い人が少なくなりました。

4. 年をとった人が少なくなりました。

6番　男の人が２人で話しています。今日は何曜日ですか。

男性1：映画を見たいんですが、安い日はいつですか。

男性2：木曜日ですよ。

男性1：じゃあ、明日ですね。

◆　今日は何曜日ですか。

1. 火曜日です。
2. 水曜日です。
3. 木曜日です。
4. 金曜日です。

7番　女の人が話しています。この女の人は、どんな友達が欲しいですか。

女性：こんにちは、ゆきえです。17歳です。高校２年生です。好きなことは、走ったり、プールで泳いだりすることです。休みには、時々山に登ったりもします。同じことが好きな女の子と友達になって、一緒にご飯を食べに行ったり、遊びに行ったり、いろいろ話したりしたいです。男の子はごめんなさい。それではよろしくお願いします。

◆　この女の人は、どんな友達が欲しいですか。

1. スポーツが好きな男の子です。
2. スポーツが好きな女の子です。
3. 料理が好きな男の子です。
4. 料理が好きな女の子です。

8番　女の人と男の人が電話で話しています。あした、２人はどこで会いますか。

女性：あした、どこで会いましょうか。

男性：お昼に駅の出口で会いましょう。

女性：外は寒いですよ。中の方が……。

男性：では、駅前にある喫茶店はどうですか。

女性：そうですね。そうしましょう。

◆　明日、２人はどこで会いますか。

1. 駅の出口で会います。
2. 駅の中で会います。
3. 喫茶店の前で会います。

4. 喫茶店の中で会います。

これで、４級の聴解試験を終わります。

2005年　日本語能力試験４級　聴解スクリプト

女性：2005年日本語能力試験聴解４級。これから、４級の聴解試験を始めます。問題用紙を開けてください。問題用紙のページがないときは、手を上げてください。問題がよく見えないときも、手を上げてください。いつでもいいです。

男性：問題Ⅰ

女性：問題用紙を見て、正しい答えを一つ選らんでください。では、練習しましょう。

例1　男の人と女の人が話しています。女の人はどの切手を買いますか。

男性：タンさん、すみませんが、切手を買ってきてください。

女性：はい。

男性：50円切手を３枚と、80円切手を５枚お願いします。

女性：はい。50円３枚と、80円５枚ですね。

男性：はい。

◆　女の人はどの切手を買いますか。

正しい答えは、１です。解答用紙の、問題１の、例１のところを見てください。

正しい答えは、１ですから、答えはこのように書きます。

もう１つ練習しましょう。

例2　男の人と女の人が話しています。男の人はいつまで休みですか。

男性：やー、昨日も今日もゆっくりしたね。

女性：ええ。あしたも休み？

男性：そう。

女性：あさっては？

男性：あさってからまた会社。

女性：そう、大変ね。

◆　男の人はいつまで休みですか。

正しい答えは、３です。解答用紙の、問題１の、例２のところを見てください。

正しい答えは、３ですから、答えはこのように書きます。

では、始めます。

1番　女の人と男の人が話しています。男の人はどれを取りますか。

女性：あ、すみません。そこのテーブルの下の本を取ってくれませんか。

男性：ええと、これですか。

女性：いいえ、それじゃなくて箱の上のです。

◆　男の人はどれを取りますか。

2番　男の子とお母さんが話しています。お母さんは何を渡しましたか。

男性：お母さん、行ってきます。

女性：あっ、ちょっと待って。これをかぶって行きなさい。

男性：ええ、どうして。

女性：まだ風邪引いているでしょう。頭も温かくしなさい。

男性：はい。

◆　お母さんは何を渡しましたか。

3番　先生が生徒に話しています。生徒は明日何を持っていきますか。

女性：みなさん、明日は旅行ですね。飲み物を忘れないでください。それから、雨が降るかもしれませんから、傘も持ってきてください。お菓子は持ってこないでください。いいですか。

◆　生徒は明日何を持っていきますか。

4番　女の子がお店の人と話しています。女の子はどの財布を買いましたか。

女性：すみません。３千円ぐらいの財布はありませんか。

男性：３千円ですか……。この４つですね。色は、黒と白だけですが。この丸いのがかわいいですよ。

女性：うーん……。丸いのはあまり好きじゃないから、これかこれですね。じゃあ、この黒いのをください。

男性：ありがとうございます。

◆　女の子はどの財布を買いましたか。

5番　男の人が外国にいる女の人と電話で話しています。女の人の国は今何時ですか。

男性：今、そっちは、何時？

女性：８時50分。

男性：へえ。日本も今８時50分だよ。

女性：ええ？同じ？

男性：でも、こっちは夜だよ。夜の８時50分。

女性：なーんだ。

◆　女の人の国は今何時ですか。

6番　女の人と男の人が話しています。男の人は毎日会社までどうやって行きますか。

女性：毎日会社までどうやって行きますか。

男性：駅まで自転車で行って、えー、それから、電車で南駅まで行きます。

女性：南駅から会社までは歩いて行きますか。

男性：いいえ、少し遠いですからバスで行きます。

◆　男の人は毎日会社までどうやって行きますか。

7番　女の子がおじいさんと話しています。女の子はいつ電話しますか。

女性：じゃあ、おじいちゃん、私、あさって東京に着いたらすぐ電話する。

男性：じゃ、7日だな。

女性：ちがうよ、おじいちゃん。今日は4日よ。だから、あさっては6日。

男性：お、そうか。じゃ、あさって。

女性：うん。

◆　女の子はいつ電話しますか。

8番　女の人と男の人が話しています。女の人はどのコートがほしいですか。

女性：あのコートいいわね。

男性：どれ？

女性：あの長くて、白いの。

男性：ポケットがあるコート？

女性：ちがう。大きいボタンのあるコート。

◆　女の人はどのコートが欲しいですか。

9番　男の人が自転車の鍵を探しています。鍵はどこにありましたか。

男性：あれ、鍵がない。

女性：自転車の鍵？

男性：うん。見た？

女性：さっき、テーブルの上にあったけど。

男性：ないよ。

女性：あ、椅子の上に置いたんだ。ほら、本棚の横の椅子。

男性：あ、あった。

◆　鍵はどこにありましたか。

問題Ⅱ

問題Ⅱは絵などがありません。正しい答えを一つ選んでください。

では、一度練習しましょう。

例　男の人と女の人が話しています。あしたは、何日ですか。

男性：あしたは、5日ですよね。

女性：いえ、ちがいますよ。今日が5日ですよ。

男性：ああ、そうか。

◆　**あしたは、何日ですか。**

1. 3日です。
2. 4日です。
3. 5日です。
4. 6日です。

正しい答えは、4です。解答用紙の、問題2の、例のところを見てください。

正しい答えは、4ですから、「正しい」の欄の4を黒く塗ります。

そして、「正しくない」の欄の1、2、3も黒く塗ります。

「正しくない」答えも、忘れないで、黒く塗ってください。

では、始めます。

1番　男の人と女の人が話しています。昨日2人で一緒に何をしましたか。

男性：昨日のテニス、楽しかったですね。

女性：ええ、でもちょっと疲れました。

男性：僕は、あのあとサッカーをして、夜はみんなでお酒を飲みに行きました。

女性：元気ですね。わたしはテニスのあと、買い物をして帰りました。

◆　**昨日2人で一緒に何をしましたか。**

1. テニスをしました。
2. お酒を飲みました。
3. サッカーをしました。
4. 買い物をしました。

2番　男の人と女の人が話しています。男の人は何を買ってきましたか。

男性：ただいま。買ってきたよ。はい。

女性：ありがとう。あれ、これ、牛肉じゃない。

男性：うん、牛肉だよ。えっ豚肉だった？

女性：私、鶏肉を頼んだんだけど……。

男性：え、そうだった？

女性：そうよお。

◆　男の人は何を買ってきましたか。

1. 牛肉です。
2. 豚肉です。
3. 鶏肉です。
4. 牛乳です。

3番　男の人と女の人が会社で話しています。いま、どんな天気ですか。

男性：おはようございます。寒いですねえ。

女性：本当。天気も悪いですね。雨は降っていますか。

男性：いいえ、まだ降っていません。でも夜から雪ですよ。テレビで言っていました。

◆　今、どんな天気ですか。

1. 晴れです。
2. 雨です。
3. 曇りです。
4. 雪です。

4番　男の人と女の人が話してます。男の人はどうしますか。

男性：木村さん、もう仕事終わりました？

女性：いいえ、まだです。でも今日はもう疲れたから帰ります。

男性：あのう、映画の切符が２枚あるんですけど、今から一緒に行きませんか。この切符、今日までなんです。

女性：すみません、今日はちょっと。

男性：そうですか。残念だなー。じゃあ、１人で行きます。

女性：すみません。

男性：いえいえ。

◆　男の人はどうしますか。

1. 女の人と仕事をします。

2. １人で仕事をします。

3. 女の人と映画を見ます。

4. １人で映画を見ます。

5番　男の人と女の人が話しています。服はだれのですか。

女性：その服、すてきですね。

男性：ありがとうございます。でもこれ、僕のじゃないんです。

女性：あっ、そうなんですか。じゃあ、お兄さんか弟さんのですか。

男性：いいえ、父のです。

女性：へえー。そうですか。

◆　**服はだれのですか。**

1. この男の人のです。

2. この男の人のお父さんのです。

3. この男の人のお兄さんのです。

4. この男の人の弟さんのです。

6番　女の人と男の人が話しています。女の人は何人家族ですか。

女性：佐藤さんは何人家族ですか。

男性：両親とわたしの３人家族です。ハンナさんは？

女性：はい。両親と、兄が１人と、姉が１人と、わたしです。

男性：ああ、そうですか。

◆　**女の人は何人家族ですか。**

1. ３人家族です。

2. ４人家族です。

3. ５人家族です。

4. ６人家族です。

7番　男の人と女の人が、学校で話しています。男の人は何枚コピーしますか。

男性：先生、このテストの問題は、何枚コピーしますか？

女性：そうですね、学生は全部で30人ですが、それより10枚多くコピーしてください。

男性：分かりました。

◆　**男の人は何枚コピーしますか。**

1. 10枚です。

2. 20枚です。

3. 30枚です。

4. 40枚です。

8番　男の人が女の人に部屋を見せています。女の人はどうしてこの部屋が好きではありませんか。

男性：この部屋はどうですか。

女性：わあ、新しくてきれいですね。

男性：はい。駅からは遠いですけど……。

女性：それは大丈夫です。でも、暗いですね。明るい部屋がいいんですけど。

男性：うーん。じゃあ、もう１つの部屋を見に行きますか。ちょっと古いですが、明るいですよ。

女性：はい、お願いします。

1. 駅から遠いからです。

2. 高いからです。、

3. 古いからです。

4. 暗いからです。

これで４級の聴解試験を終わります。

2004年　日本語能力試験４級　聴解スクリプト

女性：2004年日本語能力試験聴解４級。これから、４級の聴解試験を始めます。問題用紙を開けてください。問題用紙のページがないときは、手を上げてください。問題がよく見えないときも、手を上げてください。いつでもいいです。

男性：問題Ⅰ

女性：問題用紙を見て、正しい答えを一つ選らんでください。では、練習しましょう。

例1　男の人と女の人が話しています。女の人はどの切手を買いますか。

男性：タンさん、すみませんが、切手を買ってきてください。

女性：はい。

男性：50円切手を３枚と、80円切手を５枚お願いします。

女性：はい。50円３枚と、80円５枚ですね。

男性：はい。

◆　女の人はどの切手を買いますか。

正しい答えは、１です。解答用紙の、問題Ⅰの、例1のところを見てください。

正しい答えは、１ですから、答えはこのように書きます。

もう一つ練習しましょう。

例2　男の人と女の人が話しています。男の人はいつまで休みですか。

男性：やー、きのうも今日もゆっくりしたね。

女性：ええ。あしたも休み？

男性：そう。

女性：あさっては？

男性：あさってからまた会社。

女性：そう、大変ね。

◆　男の人はいつまで休みですか。

正しい答えは、３です。解答用紙の、問題Ⅰの、例2のところを見てください。

正しい答えは、３ですから、答えはこのように書きます。

では、始めます。

1番　女の人と、男の人が話しています。男の人は、どれを見せますか。

女性：すみません。その花びん、見せてください。

男性：どれですか。

女性：一番下の、右から２番目のです。

男性：はい、右から２番目ですね。

女性：ええ。

◆ 男の人は、どれを見せますか。

2番　女の人と男の人が話しています。男の人は、どうしますか。

女性：パーティーに行きますか。

男性：はい、勉強が終わってから行きます。

女性：そう。だれかと一緒に行きますか。

男性：うーん、そうですね……1人で行きます。

◆ 男の人は、どうしますか。

3番　教室で、先生と学生が話しています。

きょうの授業は、本の何ページからですか。

男性：では、授業を始めます。えー、きょうは60ページからです。60ページを見てください。

女性：あのー、先生、先週は57ページまででした。

男性：ああ、58ページと59ページは、うちで読んでください。いいですか。では、始めましょう。

◆ きょうの授業は、本の何ページからですか。

4番　女の人が話しています。女の人は、レストランで、どのように働きますか。

女性：わたしは、日曜日に父のレストランで働いています。10時ごろお店に行って、お店の花に水をやります。それから、テーブルの上をきれいにします。11時にお店が開いてから、お皿をたくさん洗います。本当に大変です。

◆ 女の人は、レストランで、どのように働きますか。

5番　男の人が話しています。この男の人は、どの人ですか。

男性：わたしの家族は、５人です。両親と、兄が２人います。兄は、２人とも、銀行で働いています。

◆ 男の人が話しています。この男の人は、どの人ですか。

6番　男の人と女の人が話しています。女の人が買ったものは、どれですか。

男性：いらっしゃいませ。

女性：これを３つください。

男性：はい、３つですね。

女性：ええ。それから、これを３本ください。

男性：２本ですね。ありがとうございます。

◆ 女の人が買ったものは、どれですか。

7番　女の人と男の人が話しています。山田さんのお姉さんは、どの人ですか。

女性：あ、あそこで話している人、山田さんのお姉さんよ。

男性：え、どの人？

女性：ほら、あの長いスカートをはいている人。

男性：メガネをかけている人？

女性：ううん。

男性：ああ、あの人。

◆ 山田さんのお姉さんは、どの人ですか。

8番　男の人と女の人が話しています。次は、いつ会いますか。

男性：次は、いつ会いますか。

女性：ん一、わたしは、毎週火曜日が忙しいです。

男性：わたしは、６日が忙しくて……。ああ、８日はどうですか。

女性：えっ、４日ですか。

男性：いいえ、８日です。

女性：ああ、大丈夫です。じゃあ、８日にしましょう。

◆ 次は、いつ会いますか。

9番　男の人と女の人が、パーティーで話してます。
今、お菓子はどうなっていますか。

男性：このお菓子、おいしいですよ。

女性：あ、そうですか。どこにありますか。

男性：あそこです。あ、あと少ししかありませんよ。

女性：あ、そうですね。

◆ 今、お菓子はどうなっていますか。

10番　男の人と女の人が、外を見ながら話しています。

今朝は、どんな天気でしたか。今朝の天気です。

男性：雨は、まだ降っていますか。

女性：ええ。寒いから、夜は雪になるでしょうね。

男性：うーん、困ったな。今朝は、晴れていましたから、傘を持ってきませんでした。

女性：ああ、わたしもです。今朝は、本当にいい天気でしたから。

◆ 今朝は、どんな天気でしたか。

男性：問題Ⅱ

女性：問題Ⅱは絵などがありません。正しい答えを一つ選んでください。

では、一度練習しましょう。

例　男の人と女の人が話しています。あしたは、何日ですか。

男性：あしたは、５日ですよね。

女性：いえ、ちがいますよ。今日が５日ですよ。

男性：ああ、そうか。

◆ あしたは、何日ですか。

1. ３日です。

2. ４日です。

3. ５日です。

4. ６日です。

正しい答えは、４です。解答用紙の、問題Ⅱの、例のところを見てください。

正しい答えは、４ですから、「正しい」の欄の４を黒く塗ります。そして「正しくない」の欄の１、２、３も黒く塗ります。正しくない答えも忘れないで黒く塗ってください。

では、始めます。

1番　男の人と女の人が、歌を聞いて話しています。２人は、この歌が好きですか。

男性：この歌、とてもいいですね。楽しくなります。

女性：そうですか？わたしは、あまり……。ちょっとうるさいです。

◆ ２人は、この歌が好きですか。

1. 男の人は、好きです。

2. 女の人は、好きです。

3. 男の人も女の人も、好きです。

4. 男の人も女の人も、好きではありません。

2番　男の人と女の人が話しています。

女の人は、日曜日に何時間、バイオリンを練習していますか。

男性：上手ですねー。毎日、どのくらい練習していますか。

女性：3時間です。でも、休みの日はもっとします。土曜日は4時間、日曜日は6時間です。

男性：大変ですね。

◆ 女の人は、日曜日に何時間、バイオリンを練習していますか。

1. 3時間です。

2. 4時間です。

3. 6時間です。

4. 9時間です。

3番　女の人と、男の人が話しています。

男の人のお母さんは、今、何をしていますか。

女性：高橋さんのお母さんは、なにか仕事をしていますか。

男性：いいえ、去年までは高校の先生でしたが、今年から大学生になりました。医者になる勉強をしています。

女性：へえ、お医者さんに。それは、すごいですね。

◆ 男の人のお母さんは、今、何をしていますか。

1. 医者です。

2. 大学の先生です。

3. 高校の先生です。

4. 大学生です。

4番　男の人と女の人が話しています。男の人は京都で、何をしましたか。

男性：これ、京都で買ったお菓子です。どうぞ。

女性：ありがとうございます。旅行ですか？

男性：はい、友達の結婚パーティーでした。おととい行って、ゆうべ帰ったんです。有名なところへも行きたかったんですけど、時間がありませんでした。

◆ 男の人は京都で、何をしましたか。

1. 仕事をしました。

2. 結婚パーティーに行きました。

3. 結婚しました。

4. 有名な所へ行きました。

5番　男の人が話しています。この人は、先週、何日休みましたか。

男性：先週は、本当に忙しかったです。私の会社は、土曜日と日曜日が休みです。でも、先週の土曜日は、休まないで会社に行きました。やあ、疲れましたね。

◆ この人は、先週、何日休みましたか。

1. １日です。

2. ２日です。

3. ３日です。

4. ぜんぜん休みませんでした。

6番　男の人と女の人が話しています。女の人は、今から誰に会いますか。

男性：これからどうしますか。

女性：きょうはすぐ帰ります。おばさんに会いに行きますから。

男性：あ、おばあさんに。

女性：いいえ、おばあさんじゃなくて、おばですよ。母の姉です。

男性：あ、そうですか。

◆ 女の人は、今から誰に会いますか。

1. おばあさんです。

2. お母さんです。

3. おばさんです。

4. お姉さんです。

7番　女の人と男の人が話しています。女の人は、どうしますか。

女性：あの、すみません。ここは山田先生の部屋ですか。

男性：はい、そうです。

女性：山田先生は……。

男性：あ、今、２番の教室で授業中です。えーと、３時に終わりますけど。

女性：あ、そうですか。じゃあ、また後で来ます。

◆ 女の人は、どうしますか。

1. 今から、教室に行きます。
2. 後で、教室に行きます。
3. 先生の部屋で、待ちます。
4. 後で、先生の部屋に来ます。

8番　女の人と男の人が話しています。男の人は、何を飲みますか。

女性：鈴木さん、何か飲みますか？

男性：はい、ありがとうございます。

女性：何がいいですか。コーヒー？紅茶？

男性：そうですねー。あのー、お水をお願いします。

女性：お水？

男性：ええ、熱い飲み物はちょっと……。

女性：それでは、冷たいお茶はどうですか？

男性：あ、そうですね。お願いします。

◆ 男の人は、何を飲みますか。

1. 熱いコーヒーを飲みます。
2. 熱い紅茶を飲みます。
3. 冷たい水を飲みます。
4. 冷たいお茶を飲みます。

これで、4級の聴解試験を終わります。

2003年　日本語能力試験４級　聴解スクリプト

女性：2003年日本語能力試験聴解４級。これから、４級の聴解試験を始めます。問題用紙を開けてください。

男性：問題Ｉ

女性：問題用紙を見て、正しい答えを一つ選らんでください。では、練習しましょう。

例1　男の人と女の人が話しています。女の人はどの切手を買いますか。

男性：タンさん、すみませんが、切手を買ってきてください。

女性：はい。

男性：50円切手を３枚と、80円切手を５枚お願いします。

女性：はい。50円３枚と、80円５枚ですね。

男性：はい。

◆　女の人はどの切手を買いますか。

正しい答えは、１です。解答用紙の、問題Ｉの、例1のところを見てください。

正しい答えは、１ですから、答えはこのように書きます。

もう一つ練習しましょう。

例2　男の人と女の人が話しています。男の人はいつまで休みですか。

男性：やー、昨日も今日もゆっくりしたね。

女性：ええ。明日も休み？

男性：そう。

女性：あさっては？

男性：あさってからまた会社。

女性：そう、大変ね。

◆　男の人はいつまで休みですか。

正しい答えは、３です。解答用紙の、問題Ｉの、例2のところを見てください。

正しい答えは、３ですから、答えはこのように書きます。

では、始めます。

1番　男の人と女の人が電話で話しています。男の人はどの建物へ行きますか。

男性：もしもし、今、駅の前にいます。

女性：はい。では、そこから建物が４つ、見えますね。

男性：はい。

女性：私の会社は、丸い建物です。黒くて高い建物の後ろです。

男性：ああ、丸いのは２つありますね。

女性：ええ、低いほうです。

◆ **男の人はどの建物へ行きますか。**

2番　男の人と女の人が話しています。部屋はどうなりましたか。

男性：ドアを閉めますか。

女性：いえ、閉めないでください。

男性：電気は？

女性：あ、電気は消してください。

男性：はい、分かりましした。

◆ **部屋はどうなりましたか。**

3番　男の人と女の人が話しています。男の人は、どのバスに乗りますか。

女性：早く乗ってください。バスが出ますよ。

男性：どのバスですか。

女性：その白いのです。

男性：はい。

女性：あ、違いますよ。小さいほうです。

男性：あ。

◆ **男の人は、どのバスに乗りますか。**

4番　男の人と女の人が話しています。女の人は、明日の朝、何を食べますか。

男性：明日の朝ご飯は、どうしますか。

女性：そうですね。パンと、卵をお願いします。

男性：卵は１個でいいですか。

女性：２個お願いします。

男性：飲み物は？

女性：あ、水だけでいいです。

◆ **女の人は、明日の朝、何を食べますか。**

5番　料理の先生が話しています。次のクラスはいつですか。

男性：みなさん。６月のクラスは今日で終わりです。次のクラスは７月４日です。

４日、木曜日の10時からです。

◆ 次のクラスはいつですか。

6番　男の人が道を聞いています。薬屋さんはこどですか。

男性：あの、この辺に薬屋はありませんか。

女性：ああ、ありますよ。この道をまっすぐ行って、

男性：はい。

女性：２つ目の交差点を右に曲がってください。

男性：右ですね。

女性：はい。大きい本屋が見えます。

男性：はい。

女性：本屋のとなりが薬屋です。

男性：ありがとうございました。

◆ 薬屋さんはこどですか。

7番　男の人と女の人が話しています。明日の天気は、どうなりますか。

男性：よく雨が降りますね。明日も雨でしょうか。

女性：いま、新聞を見ています。雨ですね。……あ、ちがった、これはあさってだ。

明日は、朝は曇りですが、午後は晴れますね。

男性：そうですか。

◆ 明日の天気は、どうなりますか。

8番　男の人と女の人が話しています。

女の人はお母さんから何をもらいましたか。お母さんからです。

男性：あ、かわいい、この猫。

女性：その猫は誕生日に父がくれました。

男性：この犬も？

女性：それは、母にもらいました。

男性：そう。人形は？

女性：それは、父です。

◆ 女の人はお母さんから何をもらいましたか。

9番　男の人と女の人が話しています。山田さんの部屋は、どこですか。

男性：あそこが、山田さんの部屋です。あの電気がついてる部屋。

女性：外に花が置いてありますね。山田さん、花が好きですから。

男性：え？花？ああ、．それは下の部屋ですね。山田さんの部屋はその上ですよ。

女性：あ、あっちですか。

◆ 山田さんの部屋は、どこですか。

10番　ホテルで先生が学生たちに話しています。学生たちはこれからどうしますか。

男性：えー、これから皆さん自分の部屋に入ってください。荷物は自分で持ってください。

　　晩ご飯は食堂で6時半からです。その前にお風呂に入ってください。

◆ 学生たちはこれからどうしますか。

11番　男の人と女の人が話しています。名前と番号はどこに書きますか。

男性：この紙に名前と番号を書いてください。

女性：はい。あ、どこですか？

男性：写真の下に名前を書いてください。

女性：はい。

男性：それで、名前の左に番号を書いてください。

女性：はい、分かりました。

◆ 名前と番号はどこに書きますか。

男性：問題Ⅱ

女性：問題Ⅱは絵などがありません。正しい答えを一つ選んでください。

　　では、一度練習しましょう。

例　男の人と女の人が話しています。明日は、何日ですか。

男性：明日は5日ですよね。

女性：いえ、違いますよ。今日が5日ですよ。

男性：ああ、そうか。

◆ 明日は、何日ですか

1. 3日です。
2. 4日です。
3. 5日です。

4. ６日です。

正しい答えは、４です。解答用紙の、問題Ⅱの、例のところを見てください。

正しい答えは、４ですから、答えはこのように書きます。

では、始めます。

1番　男の人と女の人が話しています。２人は明日何時に会いますか。

女性：じゃ、明日11時にここで会いましょう。

男性：うーん、30分遅くしませんか。昼ご飯にちょうどいいでしょう？

女性：そうですね。じゃそうしましょう。

◆　２人は明日何時に会いますか。

1. 10時半です。

2. 11時です。

2. 11時半です。

4. 12時です。

2番　お父さんとお母さんが話しています。けんじさんは今、何をしていますか。

男性：けんじは今晩もサッカーの練習？

女性：いえ、寝ていますよ。

男性：え、まだ７時だよ。

女性：明日大きいテストがあるから、10時に起きて、朝まで勉強するって。

男性：あ、そう。

◆　けんじさんは今、何をしていますか。

1. サッカーの練習をしています。

2. 勉強をしています。

2. テストをしています。

4. 寝ています。

3番　男の人と女の人が話しています。男の人はこのあと何をしますか。

女性：あー疲れた。ちょっと休んで、コーヒーを飲みませんか。

男性：あ、いいですね。

女性：ケーキもありますよ。

男性：コーヒーだけでいいです。もうすぐ出かけますから。

女性：私は、やっぱり、ケーキとコーヒーにします。

◆ **男の人はこのあと何をしますか。**

1. コーヒーを飲みます。
2. ケーキを食べます。
3. ケーキを食べながらコーヒーを飲みます。
4. コーヒーを飲まないで出かけます。

4番　男の人と女の人が話しています。女の人は何を食べますか。

男性：パーティーの料理、何を作りましょうか。佐藤さんは、肉は好きですか。

女性：すみません。私は、肉も魚も食べません。

男性：え、野菜しか食べませんか。

女性：ええ。あ、でも卵は食べます。

男性：そうですか。

◆ **女の人は何を食べますか。**

1. 肉と魚です。
2. 野菜と卵です。
3. 野菜だけです。
4. 卵だけです。

5番　男の人と女の人がレストランで話しています。
女の人は、どうしてカレーを食べませんか。

男性：ここのカレー、辛くて、おいしいですよ。

女性：そうですか。でも、カレーはちょっと……。

男性：嫌いですか。

女性：いいえ、好きですけど……。きのうの夜カレーを作って、今朝もカレーでしたから。

男性：あ、そうですか。

◆ **女の人は、どうしてカレーを食べませんか。**

1. 今日の夜カレーを食べるからです。
2. 今朝、カレーを食べたからです。
3. カレーが嫌いだからです。
4. カレーが辛いからです。

6番　男の人が話しています。この人たちは、この後すぐ何をしますか。

男性：じゃあ、このあとはあの赤い電車に乗って南公園へ行きましょう。そこで自転車を借ります。えーと、今12時ですね……。昼ご飯は、南公園で食べましょう。

◆ この人たちは、この後すぐ何をしますか。

1. 電車に乗ります。
2. 南公園を散歩します。
3. 自転車に乗ります。
4. 昼ご飯を食べます。

7番　男の人と女の人が話しています。男の人は今朝、何で会社に来ましたか。

男性：おはようございます。

女性：おはようございます。いつもバスで来ますか。

男性：いいえ、いつもは自転車ですが、今日は雨が降っていますから。

女性：ああ、だからバスで。うちは近いですか。

男性：ええ、まあ、歩いて20分ぐらいですが。

◆ 男の人は今朝、何で会社に来ましたか。

1. 電車で来ました。
2. 自転車で来ました。
3. バスで来ました。
4. 歩いて来ました。

8番　男の人と女の人が話しています。男の人は、昨日、何をしていましたか。

女性：山田さん、昨日は何をしましたか。

男性：図書館に行きました。

女性：公園のそばの図書館ですね。おもしろい本を読みましたか。

男性：いいえ、図書館は涼しくて、静かですから、寝ていました。うちは暑くて……。

◆ 男の人は、昨日、何をしていましたか。

1\. うちで本を読んでいました。

2\. 公園で寝ていました。

2\. 図書館で本を読んでいました。

4\. 図書館で寝ていました。

9番　男の人と女の人がデパートの中で話しています。靴はどこで売っていますか。

男性：すみません、ネクタイは、どこですか。

女性：６階です。

男性：靴も６階ですか。

女性：いいえ、靴は７階です。隣の建物です。あちらからどうぞ。

◆ 靴はどこで売っていますか。

1. この建物の６階です。
2. この建物の７階です。
2. となりの建物の６階です。
4. となりの建物の７階です。

10番　男の人と女の人が話しています。女の人は、夏休みに何をしましたか。

男性：スワンさんは、夏休みに国へ帰りましたか。

女性：いいえ、帰りませんでした。

男性：じゃあ、仕事をしていましたか。

女性：家、両親が来て、一緒に日本の北のほうへ行きました。私の国は１年中に暑いですから。

男性：どうでしたか。

女性：とても涼しくて、良かったです。

◆ 女の人は、夏休みに何をしましたか。

1. 日本の涼しいところへ行きました。
2. 暑い国へ旅行しました。
3. 国へ帰りました。
4. ずっと仕事をしていました。

これで、４級の聴解試験を終わります。

2002年　日本語能力試験４級　聴解スクリプト

女性：2002年日本語能力試験聴解４級。これから、４級の聴解試験を始めます。問題用紙を開けてください。

男性：問題Ⅰ

女性：問題用紙を見て、正しい答えを一つ選らんでください。では、練習しましょう。

例1　男の人と女の人が話しています。女の人はどの切手を買いますか。

男性：タンさん、すみませんが、切手を買ってきてください。

女性：はい。

男性：50円切手を３枚と、80円切手を５枚お願いします。

女性：はい。50円３枚と、80円５枚ですね。

男性：はい。

◆　女の人はどの切手を買いますか。

正しい答えは、１です。解答用紙の、問題Ⅰの、例のところを見てください。

正しい答えは、１ですから、答えはこのように書きます。

もう一つ練習しましょう。

例2　男の人と女の人が話しています。男の人はいつまで休みですか。

男性：やー、きのうも今日もゆっくりしたね。

女性：ええ。あしたも休み？

男性：そう。

女性：：あさっては？

男性：あさってからまた会社。

女性：そう、大変ね。

◆　男の人はいつまで休みですか。

正しい答えは、３です。解答用紙の、問題Ⅰの、例2のところを見てください。

正しい答えは、３ですから、答えはこのように書きます。

では、始めます。

1番　男の人と女の人が話しています。かぎはどこですか。

女性：あれ、かぎがないわよ。どこに置いたの。

男性：ええと、テレビのそばのテーブルの上。

女性：ないわよー。

男性：あ、ごめん、電話のそば。

女性：あ、あった。

◆ **かぎはどこですか。**

2番　男の人と女の人が話しています。店の名前はどれですか。

女性：じゃあ、６時にレストランで。

男性：あ、レストランの名前は「みなみ」ですね。

女性：はい。

男性：ひらがなで「みなみ」ですか。

女性：いえ、漢字で「南」です。

◆ **店の名前はどれですか。**

3番　男の人と女の人が話しています。女の人はどうやって学校に来ますか。

男性：おはようございます。早いですねえ。いつもどうやって学校に来ますか。

女性：そうですね、うちから駅までは自転車で、それから電車に乗って、次はバス、最後はここまで歩いてきます。

◆ **女の人はどうやって学校に来ますか。**

4番　男の人と女の人が話しています。田中さんはどの人ですか。

女性：あっ、出てきた。

男性：田中さん、どの人？

女性：あの背の高い人。

男性：ああ、長いスカートの人？

女性：ううん、そうじゃなくて、そのとなりの人。

◆ **田中さんはどの人ですか。**

5番　男の人と女の人が電話で話しています。二人は何時に会いますか。

男性：今日の映画、楽しみだね。で、何時に会う？

女性：映画は４時半だから、始まる15分前に映画館の前で会いましょう。

男性：そうだね。

◆ **二人は何時に会いますか。**

6番　男の人と女の子が話しています。女の子が忘れたかばんがどれですか。

女の子：すみません。電車の中にかばんを忘れました。

男　性：中に何が入っていますか。

女の子：人形です。

男　性：人形ですね。他には？

女の子：あ、花の絵のハンカチもありました。

男　性：それだけですか。

女の子：はい。

◆ **女の子が忘れたかばんがどれですか。**

7番　男の人と女の人が話しています。部屋はどうなりましたか。

女性：えっと、いすはテレビの前に置いてください。

男性：テレビの前ですね。で、花は？

女性：そうね、花は窓のそばに置いてください。

男性：はい。

女性：それから本棚は……ドアの横に……。

男性：はい、分かりました。

◆ **部屋はどうなりましたか。**

8番　男の人が話しています。明日の午後の天気はどうなりますか。午後の天気です。

男性：今日はとても暖かい一日でしたね。あしたは一日、風が強いでしょう。朝は晴れますが、午後から雨になるでしょう。

◆ **明日の午後の天気はどうなりますか。**

9番　男の人と女の人が話しています。女の人はどのかばんを買いますか。

男性：この白いかばんはいかがですか。

女性：ちょっと大きいですね。それに色は黒いほうがいいですね。

男性：じや、この丸いのはどうですか。小さくてかわいいですよ。

女性：丸いのはちょっと……。

男性：じやあ、これはいかがですか。

女性：そうですね。ではそれをください。

◆ **女の人はどのかばんを買いますか。**

10番　女の人が写真を見ながら話しています。女の人が見ている写真はどれですか。

女性：これ、弟とわたしです。２年前の写真です。弟は、今は背が高くなって、わたしと同じぐらいですが、２年前はまだ低かったですね。それから、わたし。この写真のときは、まだ、メガネをかけていませんでした。

◆ 女の人が見ている写真はどれですか。

男性：問題Ⅱ

女性：問題Ⅱは絵などがありません。正しい答えを一つ選んでください。
では、一度練習しましょう。

例　男の人が女の人にきいています。傘はどこで売っていますか。

男性：ちょっと、すみません。傘はどこですか。,

女性：傘は、新館の２階でございます。

男性：えっ、新館？

女性：ええ、隣のビルです。こちらを右へ。

男性：ああ、分かりました。どうも。

◆ 傘はどこで売っていますか。

1. このビルの１階です。
2. このビルの２階です
3. 隣のビルの１階です。
4. 隣のビルの２階です。

正しい答えは、４です。解答用紙の、問題Ⅱの、例のところを見てください。

正しい答えは、４ですから、答えはこのように書きます。

では、始めます。

1番　男の人と女の人が話しています。男の人は休みにどこへ行きましたか。

男性：タンさんは休みにどこへ行きましたか。

女性：国へ帰りました。マイクさんは？

男性：わたしは友達と旅行しました。

女性：海に行きましたか。

男性：いえ、山に登りました。

女性：そうですか。

◆ 男の人は休みにどこへ行きましたか。

1. 国へ帰りました。

2. 海へ行きました。

3. 山へ行きました。

4. どこへも行きませんでした。

2番　男の人と二人の女の人が話しています。男の人はこれから何をしますか。

女性1：あっ、ここきれい。

女性2：いいわねー。あのう、すみません。

男　性：はい。

女性2：すみませんが、1枚とってください。

男　性：あ、いいですよ。ええと……。このカメラは……。

女性2：ここを押して下さい。

男　性：あ、ここですね。

女性2：はい。お願いします。

◆ 男の人はこれから何をしますか。

1. 女の人のカメラをとります。

2. 女の人の写真をとります。

3. 女の人に写真をあげます。

4. 女の人にカメラを貸します。

3番　男の人と女の人が話しています。二人はお昼ご飯をどこで食べますか。

女性：お昼ご飯はもう食べましたか。

男性：あ、もうこんな時間ですね。一緒に食堂へ行きましょうか。

女性：いつも食堂ですね……。今日は駅の前のレストランに行きませんか。

男性：駅までは、ちょっと時間がかかりますね。隣の喫茶店が、近くていいですよ。

女性：そうですね。じゃあ、そうしましょう。

◆ 二人はお昼ご飯をどこで食べますか。

1. 食堂です。

2. 駅です。

3. レストランです。

4. 喫茶店です。

4番　女の人が話しています。女の人は、日本で何を勉強していますか。

レイ：はじめまして。わたしはレイです。１年前に日本へ来ました。国では、コンピューターを勉強しましたが、日本では、日本語だけ勉強しています。音楽とスポーツが好きです。どうぞよろしくお願いします。

◆ 女の人は、日本で何を勉強していますか。

1. 音楽です。
2. 日本語です。
3. コンピューターです。
4. コンピューターと日本語です。

5番　男の人と女の人が話しています。

この店のコーヒーはどうですか。コーヒーです。

女性：コーヒーあまりおいしくないわ。

男性：この紅茶はおいしいよ。

女性：そう？前はコーヒーもおいしかったけどねえ。

◆ この店のコーヒーはどうですか。

1. 前も今もおいしいです。
2. 前も今もおいしくありません。
3. 前はおいしくありませんでしたが、今はおいしいです。
4. 前はおいしかったですが、今はおいしくありません。

6番　男の人と女の人が話しています。パーティーはいつですか。

女性：パーティーの日はいつですか。

男性：えー……４月８日です。

女性：え、７月？

男性：いいえ、７月じゃなくて４月です。

◆ パーティーはいつですか

1. ４月４日です。
2. ４月８日です。
3. ７月４日です。
4. ７月８日です。

7番　男の人と女の人が話しています。女の人は何を取りに行きましたか。

男性：ちょっと、切るもの持ってきてください。

女性：え、はさみですか。

男性：いや、このケーキを切ります。

女性：あ、ケーキですね。ちょっと待ってください。

◆ 女の人は何を取りに行きましたか。

1. はさみです。

2. ナイフです。

3. ケーキです。

4. お皿です。

8番　男の人が話しています。この男の人は、今、何歳ですか。今です。

男性：わたしはもうすぐ20歳になります。誕生日は来週、25日です。20歳はもう大人ですから、これからは全部自分でやります。

◆ この男の人は、今、何歳ですか。

1. 19歳です。

2. 20歳です。

3. 24歳です。

4. 25歳です。

9番　男の人と女の人が話しています。
今、駅にいない人はだれですか。いない人です。

男性：お母さん。

女性：あ、たかし。

男性：お母さんしかいないの？

女性：お父さんは、あそこで切符買っているわ。

男性：姉さんは？

女性：まだよ。

◆ 今、駅にいない人はだれですか。

1. お母さんです。

2. お父さんです。

3. お姉さんです。

4. お姉さんとお母さんです。

10番　男の人と女の人が話しています。男の人はどうしてあした休みますか。

男性：すみません。あしたの授業、休みたいんですが……。

女性：そうですか。忙しいですか。

男性：いえ、あの、ちょっと病院へ……。

女性：あら、病気ですか。いけませんね。

男性：はい。あの、わたしじゃなくて母が……。

女性：あ、お母さんですか。

◆　男の人はどうしてあした休みますか。

1. 忙しいからです。
2. 旅行するからです。
3. 男の人が病気だからです。
4. 男の人のお母さんが病気だからです。

これで、4級の聴解試験を終わります。

2001年　日本語能力試験４級　聴解スクリプト

女性：2001年日本語能力試験聴解４級。これから、４級の聴解試験を始めます。問題用紙を開けてください。

男性：問題Ⅰ

女性：問題用紙を見て、正しい答えを一つ選らんでください。では、練習しましょう。

例1　女の人はどの切手を買いますか。

男性：タンさん、すみませんが、切手を買ってきてください。

女性：はい。

男性：50円切手を３枚と、80円切手を５枚お願いします。

女性：はい。50円３枚と、80円５枚です。

男性：はい。

◆　女の人はどの切手を買いますか。

正しい答えは、１です。解答用紙の、問題Ⅰの、例1のところを見てください。

正しい答えは、１ですから、答えはこのように書きます。

もう一つ練習しましょう。

例2　男の人と女の人が話しています。男の人はいつまで休みですか。

男性：やー、昨日も今日もゆっくりしたね。

女性：ええ。明日も休み？

男性：そう。

女性：あさっては？

男性：あさってからまた会社。

女性：そう、大変ね。

◆　男の人はいつまで休みですか。

正しい答えは、３です。解答用紙の、問題Ⅰの、例2のところを見てください。

正しい答えは、３ですから、答えはこのように書きます。では、始めます。

1番　男の人と女の人が話しています。鍵の番号は何番ですか。

男性：鍵の番号は？

女性：5842です。

男性：えっ、5、4、8……。

女性：いえ、5842です。

◆ **鍵の番号は何番ですか。**

2番　男の人と女の人が話しています。女の人の傘はどれですか。

女性：すみません。傘を取ってください。

男性：はい。どれですか。

女性：あのう、私の名前が書いてあります。

男性：ええと、山川さんのは……、２本ありますけど。

女性：白いのです。

◆ **女の人の傘はどれですか。**

3番　女の人が話しています。女の人は、どれが欲しいと言っています。

女性：すみません。その大きい箱を取ってください。カタカナで山田と書いてある、その箱です。

◆ **女の人は、どれが欲しいと言っています。**

4番　男の人と女の人が話しています。花瓶はどう置きますか。

男性：花瓶はどう置きましょうか。

女性：そうですね。じゃあ、上に一つ置きましょう。次が二つ、下が三つ。どうですか。

男性：んー、あまりよくないですね。

女性：じゃあ、上が三つ、一番下が一つ。どうですか。

男性：あ、いいですね。

◆ **花瓶はどう置きましたか。**

5番　男の人と女の人が話しています。かばんはいくらですか。

女性：すみません。このかばんください。

男性：はい、18400円です。毎度ありがとうございます。

◆ **かばんはいくらでしたか。**

6番　女の人が話しています。話しているかばんはどれですか。

女性：かばんの忘れ物です。どなたのですか？この四角で、大きい、黒いかばんです。

◆ **女の人が話しているかばんはどれですか。**

7番　男の人と女の人が話しています。男の人はいつ東京に行きますか。

女性：青山さん、いつ東京に行きますか。

男性：金曜日です。

女性：え、じゃあ、明日ですか。

男性：いいえ、来週です。

女性：ああ、８日ですか。

◆ 男の人はいつ東京に行きますか。

8番　女の人がスポーツの練習について話しています。どの順番で練習しますか。

女性：今日の練習は少し長いです。まず、30分ぐらい自転車で走ります。それから１時間ぐらい走ります。少し休んで、１時間ぐらいプールで泳ぎましょう。

◆ どの順番で練習しますか。

9番　男の人が話しています。果物は、どのグラフですか。

男性：これを見てください。30人の子供に、一番好きな食べ物を聞きました。みんなが一番好きな食べ物は、肉です。15人いました。果物は10人ですね。野菜はちょっと少なくて、三人でした。一番少ない答えは魚でした。二人です。

◆ 果物は、どのグラフですか。

10番　男の人と女の人が話しています。
女の人の今日の朝ご飯はどれですか。女の人の今日の朝ご飯です。

女性：山下さんはいつもどんな朝ご飯ですか。

山下：えーとね、朝はたいてい、パンと牛乳、それから果物。

女性：あっ、私と同じです。

山下：あ、そう。

女性：でも、今朝は時間がなかったから、果物は食べませんでした。

◆ 女の人の今日の朝ご飯はどれですか。

男性：問題Ⅱ

女性：問題Ⅱは絵などがありません。正しい答えを一つ選んでください。
では、一度練習しましょう。

例　男の人が女の人に聞いています。傘はどこで売っていますか。

男性：ちょっと、すみません。傘はどこですか。

女性：傘は、新館の二階でございます。

男性：えっ、新館？

女性：ええ、隣のビルです。こちらを右へ。

男性：ああ、分かりました。どうも。

◆ 傘はどこで売っていますか。

1. このビルの１階です。
2. このビルの２階です。
3. 隣のビルの１階です。
4. 隣のビルの２階です。

正しい答えは、４です。解答用紙の、問題Ⅱの、例のところを見てください。

正しい答えは、４ですから、答えはこのように書きます。では、始めます。

1番　男の人と女の人が話しています。男の人は何を借りましたか。

男性：すみません。ボールペンを貸してください。赤いのと青いの。

女性：青いのしかありませんが。

男性：あ、じゃ、それ、お願いします。

女性：はい。

◆ 男の人は何を借りましたか。

1. 赤いボールペンです。
2. 青いボールペンです。
3. 赤いボールペンと青いボールペンです。
4. 何も借りませんでした。

2番　お母さんと男の子が話しています。これから、二人はどこへ行きますか。

母親：太郎ちゃん、買い物に行きましょう。

子供：うん。どこへ行くの。魚を買うの？

母親：ううん、魚はあるから、お肉と、果物よ。

◆ これから、二人はどこへ行きますか。

1. 魚屋です。
2. 魚屋と肉屋です。
3. 肉屋と果物屋です。
4. 魚屋と果物屋です。

3番　男の人と女の人が話しています。この本屋でしてはいけないことは何ですか。

男性：この本屋、ほかの本屋と違うでしょ。

女性：ほんと、ジュースやコーヒー飲んでいる人もいるし。何か書いている人もいますね。

男性：そうなんです。いすもあって、座って読んでもいいんです。

女性：じゃ、何か食べてもいいんですか。

男性：それはだめなんです。

◆ **この本屋でしてはいけないことは何ですか。**

1. 座って本を読むことです。
2. ジュースを飲むことです。
3. 何か書くことです。
4. 何か食べることです。

4番　女の人が話しています。明日の天気はどうなりますか。

女性：今日はいい天気でしたが、風が強かったですね。明日は朝から雨が降りますが、暖かくなるでしょう。

◆ **明日の天気はどうなりますか。**

1. 雨が降って、風も強くなります。
2. 雨が降って、暖かくなります。
3. いい天気ですが、風が強くなります。
4. いい天気で、暖かくなります。

5番　男の人と女の人が話しています。男の人が行くホテルはどんなところですか。

男性：すみません、ホテルを探しているんですが。

女性：はい、どんなホテルがいいですか。

男性：安いところがいいです。

女性：ありますが、駅から遠いですよ。

男性：あ、いいですよ。

◆ **男の人が行くホテルはどんなところですか**

1. 駅から近くて安いホテルです。
2. 駅から近くて高いホテルです。
3. 駅から遠くて高いホテルです。
4. 駅から遠くて安いホテルです。

6番　男の人と女の人が話しています。宿題は何曜日までですか。

男性：この宿題、あさっての金曜日までですよね。

女性：えっ、違います。明日までですよ。

男性：明日まで？

女性：ほんとですよ。木曜日の朝までですよ。今日は水曜日です。

男性：ああっ、大変だ。

◆ 宿題は何曜日までですか。

1. 火曜日までです。
2. 水曜日までです。
3. 木曜日までです。
4. 金曜日までです。

7番　二人の女の人が話しています。アイスクリームはいくつ買いますか。

女性1：アイスクリームいくつ買いますか。

女性2：田中さんの家族は、田中さんたちと、太郎君と、次郎君と、道子ちゃんの５人でしょ。そして、あなたとわたし。

女性1：じゃあ……。

◆ アイスクリームはいくつ買いますか。

1. ４個です。
2. ５個です。
3. ６個です。
4. ７個です。

8番　男の人と女の人が話しています。明日、二人はどこで会いますか。

女性：明日はどこで会う？

男性：いつもの喫茶店はどう？

女性：あの店は明日休み。

男性：そうか。じゃ、あの店の隣の本屋はどう？

女性：いいわ。本屋の前？

男性：寒いから、中にしょうか。

女性：中ね。分かった。

◆ **明日、二人はどこで会いますか。**

1. 本屋の中です。
2. 本屋の前です。
3. いつもの喫茶店の中です。
4. いつもの喫茶店の前です。

9番　男の人と女の人が話しています。

男の人はどうしてジュースを飲みませんでしたか。

男性：あれっ、ジュースが一本しかありませんね。

女性：どうぞ。私、甘いものは飲みませんから。

男性：そうですか。じゃあ……。あれっ、10年前のですよ、これ。

女性：えー？じゃ、一緒にお茶を飲みます？

男性：そうですね。

◆ **男の人はどうしてジュースを飲みませんでしたか。**

1. ジュースが古いからです。
2. ジュースが嫌いだからです。
3. ジュースがなかったからです。
4. 女の人が飲みたいからです。

10番　男の人と女の人が話しています。山の上はどうでしたか。

女性：昨日、山に登りました。

男性：いいですね。昨日はいい天気だったから、暖かかったでしょう。

女性：いいえ。山の上は雪が降って、ちょっと寒かったです。

男性：そうですか。でも、山の上は静かだったでしょう？

女性：いいえ、人がとても多かったです。

◆ **山の上はどうでしたか。**

1. 暖かくて静かでした。
2. 暖かくて人が多かったです。
3. 寒くて静かでした。
4. 寒くて人が多かったです。

これで、4級の聴解試験を終わります。

2000年　日本語能力試験４級　聴解スクリプト

女性：2000年日本語能力試験聴解４級。これから、４級の聴解試験を始めます。問題用紙を開けてください。

男性：問題Ｉ

女性：問題用紙を見て、正しい答えを一つ選らんでください。では、練習しましょう。

例1　女の人はどの切手を買いますか。

男性：タンさん、すみませんが、切手を買ってきてください。

女性：はい。

男性：50円切手を３枚と、80円切手を５枚お願いします。

女性：はい。50円３枚と、80円５枚ですね。

男性：はい。

◆　女の人はどの切手を何枚買いますか。

正しい答えは、１です。解答用紙の、問題Ｉの、例1のところを見てください。

正しい答えは、１ですから、答えはこのように書きます。

もう一つ練習しましょう。

例2　男の人と女の人が話しています。男の人はいつまで休みですか。

男性：やー、きのうも今日もゆっくりしたね。

女性：ええ。あしたも休み？

男性：そう。

女性：あさっては？

男性：あさってからまた会社。

女性：そう、大変ね。

◆　男の人はいつまで休みですか。

正しい答えは、３です。解答用紙の、問題Ｉの、例2のところを見てください。

正しい答えは、３ですから、答えはこのように書きます。

では、始めます。

1番　女の人と男の人が絵を見ています。女の人はどの魚の絵が好きですか。

女性：あっ、魚の絵ですね。

男性：ええ。どれがいいですか。

女性：あちらの飛んでいる絵。

男性：いいですね。たくさんいできれいですね。

◆ 女の人はどの魚の絵が好きですか。

2番　男の人と女の人が話しています。どの人の話をしていますか。

男性：で、その男はどんな服でしたか。

女性：背広を着ていました。

男性：じゃ、ネクタイも？

女性：いえ、ネクタイはしていませんでした。

男性：そうですか。

◆ どの人の話をしていますか。

3番　タクシーの中で、女の人が男の人に話しています。

タクシーはどう行きますか。

女性：あのう、あそこに大きな木がありますね。

男性：はい。

女性：あの木の向こうの道を右に曲がってください。

男性：はい、分かりました。木の向こうを右ですね。

女性：ええ、そうです。

◆ タクシーはどう行きますか。

4番　女の人が話しています。練習は、どんな順番でやりますか。

女性：今日の練習は、いろいろあるから、大変ですよ。初めに、プールで30分泳いで、それから自転車で1時間、そして公園で30分走ります。えー、休みはですね、走る前に30分ぐらい休みましょう。

◆ 練習は、どんな順番でやりますか。

5番　女の人と男の人がカレンダーを見ながら話しています。

二人はいつ食事に行きますか。

女性：来週、会社の後で、一緒に食事に行きませんか。

男性：いいですね。いつがいいですか。

女性：月曜か金曜はどうですか。

男性：私は三日から五日まで大阪に行きますが……。

女性：そうですか。じゃ、この日でいいですか。

男性：はい。

◆ 二人はいつ食事に行きますか。

6番　ひらがなを四つ並べています。どうなりましたか。

女性：あっ、できた！横に読むと「いす」と「とし」です。

男性：はい。

女性：上から下に読むと「すし」と「いと」です。

男性：ああ、できましたね。

◆ どうなりましたか。

7番　男の人が話しています。どの絵が正しいですか。

男性：えー、まず電車ですが、きょう一日、里山駅で電車を使った人、乗ったり降りたりした人ですね、えーと、380人です。バスは290人でした。それから、この里山町で毎日車を使っている人は160人、自転車は240人です。

◆ どの絵が正しいですか。

8番　女の人と男の人が話しています。名前はどうなりましたか。

女性：あれっ、この名前、違いますよ。「さいはら・あいこ」じゃありません。「さいはら」じゃなくて「あいはら」です。

男性：えっ？

女性：「さ」ではなくて「あ」です。

男性：ああ、そうですか。

◆ 名前はどうなりましたか。

9番　病院で医者と女の人が話しています。女の人はどこが痛いといっていますか。

医者：どうしました？

患者：あのう、はしやペンを持つ時、痛くて痛くて。

医者：そうですか。右ですね。

患者：ええ右です。

◆ 女の人はどこが痛いといっていますか。

10番　お父さんとお母さんが話しています。二人が見ている名前はどれですか。

父親：なんで、うちの友子、名前ぐらい漢字書かないんだ。

母親：でも、「山中」まで書いたんだからいいじゃない。

父親：でもねえ……。

◆ **二人が見ている名前はどれですか。**

男性：問題Ⅱ

女性：問題Ⅱは絵などがありません。正しい答えを一つ選んでください。

　　では、一度練習しましょう。

例　男の人が女の人に聞いています。傘はどこで売っていますか。

男性：ちょっと、すみません。傘はどこですか。

女性：傘は、新館の二階でございます。

男性：えっ、新館？

女性：ええ、隣のビルです。こちらを右へ。

男性：ああ、分かりました。どうも。

◆ **傘はどこで売っていますか。**

1. このビルの１階です。
2. このビルの２階です。
3. 隣のビルの１階です。
4. 隣のビルの２階です。

正しい答えは、４です。解答用紙の、問題Ⅱの、例のところを見てください。

正しい答えは、４ですから、答えはこのように書きます。

では、始めます。

1番　女の人が紅茶の話をしています。この人は、どうやって紅茶を飲みますか。

女性：私は毎朝、紅茶を飲みます。牛乳をたくさん入れた紅茶が好きです。砂糖は入れないで飲みます。

◆ **女の人は、どうやって紅茶を飲みますか。**

1. 牛乳と砂糖を入れて飲みます。
2. 牛乳だけ入れて飲みます。
3. 砂糖だけ入れて飲みます。
4. 牛乳も砂糖も入れません。

2番　男の人と女の人が休みのあと、海について話しています。

男性：海はどうでしたか。

女性：少し風があったので寒かったです。

男性：人はたくさんいましたか。

女性：人は少なくて静かでした。

◆ 海はどうでしたか。

1. 風があって人は少なかったです。
2. 風がなくて人がたくさんいました。
3. 風はありませんでしたが、人は少なかったです。
4. 風はありましたが、人はたくさいました。

3番　男の人と女の人が会社で話しています。男の人はどこで手紙を出しますか。

男性：これから東京のデパートに行きます。

女性：あ、そうですか。じゃあ、これ、お願いします。

男性：なんでしょう。

女性：東京へ行く時、郵便局でこの手紙を出してくださいませんか。

男性：えーと、山中駅の前にありましたよね。

女性：ええ。すみません。

◆ 男の人はどこで手紙を出しますか。

1. 東京駅の前の郵便局です。
2. 山中駅の前の郵便局です。
3. 東京のデパートです。
4. 山中のデパートです。

4番　男の人が薬の話をしています。薬はいつ飲みますか。

男性：こちらの薬はですね、夜、頭が痛い時飲んで、ゆっくり寝てください。いいですか。
　　　夜、頭が痛い時だけですよ。

◆ 薬はいつ飲みますか。

1. 毎晩、寝る前に飲みます。
2. 毎朝、起きてから飲みます。
3. 夜、頭が痛い時に飲みます。

4. 夜、おなかが痛い時に飲みます。

5番　女の人がバスの話をしています。この人はどうしてバスによく乗りますか。

女性：私はよくバスに乗ります。東京の地下鉄や電車は速くて便利ですが、外をよく見たいときは、ゆっくり走るバスがいいですね。忙しいときはタクシーもいいですが、ちょっと高いですから、あまり乗りません。

◆　女の人はどうしてバスによく乗りますか。

1. 町が見たいからです。
2. 速くて便利だからです。
3. いつもお金がないからです。
4. いつも忙しいからです。

6番　男の人と女の人が話しています。男の人は何をしますか。

男性：この部屋、ちょっと寒くないですか。

女性：そうですか？

男性：ストーブ、つけましょうか。

女性：え、ストーブ？あつくないですかぁ？

男性：そうですね。あれっ、窓が開いていますね。

女性：ええ、掃除をしたとき、開けました。

男性：じゃ、もういいですね。閉めましょうか。

女性：そうですね。お願いします。

男性：はい。

◆　男の人は何をしますか。

1. ストーブをつけます。
2. 掃除をします。
3. 窓を開けます。
4. 窓を閉めます。

7番　男の人が話しています。

あしたはどんな天気になると言っていますか。明日の天気です。

男性：今日は１日、雨が降って寒かったです。明日は朝から天気がよくて、コートやセーターはいらないでしょう。

◆ 明日はどんな天気になると言っていますか。

1. 雨が降って、暖かくなります。
2. 雨が降って、寒くなります。
3. 晴れて、暖かくなります。
4. 晴れて、寒くてなります。

8番　中学校で、男の先生が生徒に話しています。生徒はこのあとどうしますか。

生徒：あ、先生だ。

先生：遊んでいないで早くうちに帰って勉強して。

生徒：はい、分かりました。

◆ 生徒はこのあとどうしますか。

1. 学校で遊びます
2. 学校で勉強します。
3. うちで遊びます。
4. うちで勉強します。

9番　女の人と男の人が話しています。昨日、赤ちゃんは何時に泣きましたか。

女性：うちの赤ちゃん、夜、泣くんです。寝てから、ちょうど1時間半たつと、泣くんです。

男性：そうですか。昨日は、何時に寝たんですか。

女性：10時半です。

男性：で、また泣きましたか。

女性：はい。

◆ 昨日、赤ちゃんは何時に泣きましたか。

1. 11時です。
2. 11時半です。
3. 12時です。
4. 12時半です。

10番　男の人と女の人が話しています。
男の人は今日どうして昼ご飯を食べませんでしたか。

男性：あー、もう2時だ。何か食べたい。

女性：昼ご飯は？

男性：食べていません。

女性：時間がなかったから？

男性：いいえ……。

女性：はあ。

男性：今日は50円しか持っていません。

女性：あら。じゃ、貸しましょうか。

男性：え、本当に？よかった。

◆ 男の人は今日どうして昼ご飯を食べませんでしたか。

1. 食べたくなかったからです。
2. 時間がなかったからです。
3. お金がなかったからです。
4. 食べ物がなかったからです。

これで、4級の聴解試験を終わります。